现浇混凝土大直径管桩复合地基设计与施工

刘汉龙　丁选明　著

中国建筑工业出版社

图书在版编目（CIP）数据

现浇混凝土大直径管桩复合地基设计与施工/刘汉龙，
丁选明著. —北京：中国建筑工业出版社，2013.12
ISBN 978-7-112-15836-2

Ⅰ.①现… Ⅱ.①刘…②丁… Ⅲ.①混凝土管桩-桩
基础-地基处理 Ⅳ.①TU472

中国版本图书馆 CIP 数据核字（2013）第 217355 号

现浇混凝土大直径管桩复合地基设计与施工

刘汉龙　丁选明　著

*

中国建筑工业出版社出版、发行（北京西郊百万庄）
各地新华书店、建筑书店经销
北京科地亚盟排版公司制版
北京云浩印刷有限责任公司印刷

*

开本：850×1168毫米　1/32　印张：4⅜　字数：120千字
2014年1月第一版　2014年9月第二次印刷
定价：**25.00**元
──────────────────
ISBN 978-7-112-15836-2
（24573）

本书作者为《现浇混凝土大直径管桩复合地基技术规程》
JGJ/T 213—2010 的主要起草人。全书共有 5 章内容，在详细介绍了该技术规程的产生背景，以及现浇混凝土大直径管桩（简称PCC 桩）复合地基技术的应用之外，还介绍了 PCC 桩复合地基的设计、施工、质量检查与验收等内容。

本书适合从事土木工程、交通工程、水利工程和港口工程中的设计、施工、监理和工程质量监督人员参考使用。

*　　*　　*

责任编辑：张伯熙
责任设计：张　虹
责任校对：王雪竹　刘　钰

序

　　软土地基沉降变形控制是岩土工程领域的热点和难点课题之一。桩基复合地基技术是控制软土地基沉降变形的重要手段，是应用最为广泛的软土地基处理技术之一。寻求经济、高效、节能、减排的桩基复合地基新技术对促进岩土工程可持续发展具有重要的作用。现浇混凝土大直径管桩（简称 PCC 桩）及其复合地基技术正是由著者等人开发的一种具有独立自主知识产权的软土地基沉降变形控制新技术，该技术具有材料省、耗能低以及应用效果好等突出优点，开创了我国软基加固技术的新途径。目前，该技术已在江苏、浙江、上海、湖南、天津和河北等省市的高速公路、高速铁路、市政及港口工程中广泛应用，取得了显著的社会经济效益。

　　著者刘汉龙教授是我国岩土工程领域中青年学术带头人之一，近年来在土力学与岩土工程领域成就显著，他主要从事软土力学与地基基础工程、土动力学与岩土地震工程领域的教学与科研工作，多年来既重视基础理论研究又注重工程技术创新，在高速公路与高速铁路软土地基处理、高土石坝与堤防工程抗震等研究方面取得创新性成果，申请获得了 38 项国家专利，获国家及省部级科学技术奖 11 项，获何梁何利基金科学与技术创新奖。在 PCC 桩的技术开发、科学研究和工程应用中，成功地探索了一条产学研相结合的技术创新之路，主编了国家行业标准《现浇混凝土大直径管桩复合地基技术规程》（JGJ/T 213—2010）。

　　著者丁选明博士是河海大学岩土工程国家重点学科的优秀青年学者，入选教育部新世纪优秀人才支持计划，获全国优秀博士学位论文提名奖。他主要从事桩基动力学理论、软土地基处理等方向的教学与科研工作，近年来在国家自然科学基金、江苏省自然基金等课题的资助下，取得了丰富的成果。获国家及省部级科学技术奖 4 项，发表 SCI、EI 收录论文近 50 篇，获授权国家发明专利 10 多项。

本书汇集了著者等人近年来关于 PCC 桩及其复合地基设计、施工和质量检测的研究成果，对国家行业标准《现浇混凝土大直径管桩复合地基技术规程》（JGJ/T 213—2010）的实施具有重要的指导作用，并且有利于促进该项新技术的应用发展和岩土工程学科进步。

中国工程院院士 周丰峻

2014 年 1 月 18 日

前　言

现浇混凝土大直径管桩（以下简称 PCC 桩）复合地基技术是由著者等人研发的具有独立自主知识产权的地基处理新技术，已在江苏、浙江、上海、湖南、天津和河北等省市和地区推广应用。

根据住房和城乡建设部建标〔2009〕88 号《关于印发〈2009 年工程建设标准规范制订、修订计划〉的通知》的要求，由河海大学和江苏弘盛建设工程集团有限公司会同有关单位编制了《现浇混凝土大直径管桩复合地基技术规程》JGJ/T 213—2010，以下简称《PCC 桩复合地基规程》，并于 2010 年 7 月 23 日经住房和城乡建设部第 704 号文公告批准发布。

本书是针对《PCC 桩复合地基规程》的理解和实际应用而撰写的配套用书，为了使设计、施工、监理和工程质量监督单位的专业技术人员更好地理解和应用《PCC 桩复合地基规程》，本书分为以下五个章节：第 1 章为 PCC 桩复合地基技术，简要介绍了该技术的研发思路、科学研究及工程应用情况；第 2 章为 PCC 桩复合地基设计，详细讲述了设计计算的原则，介绍了材料和构造，给出了桩基复合地基承载力和沉降的计算方法，并提供了算例；第 3 章为 PCC 桩复合地基施工，介绍了 PCC 桩的施工机械和施工工法，并详细介绍了施工流程；第 4 章为 PCC 桩复合地基检查与验收，介绍了成桩过程中的质量检查、成桩后桩身的质量检测以及竣工后的工程质量验收；第 5 章为 PCC 桩复合地基设计与施工实例。

本书得到了国家自然科学基金重点项目（编号：U1134207）、教育部长江学者创新团队项目（编号：IRT1125）、国家外专局

111 引智计划（编号：B13024）等项目资助。

　　限于著者水平，有些问题研究尚浅，本书存在一些谬误在所难免，诚恳希望专家、读者批评指正，并敬请将宝贵意见反馈给著者，以便著者及时更正和继续研究。

刘汉龙　丁选明

2014 年 1 月 20 日

目　录

第1章 PCC桩复合地基技术

1.1 PCC桩技术研发

目前，桩基广泛应用土木工程于交通工程、水利工程、港口工程等软土地基加固中，具有施工速度快、加固处理深度大、适宜多种地质条件、可明显增加地基的稳定性、提高地基的承载力和减小变形等优点，长期以来，普遍受到工程界的青睐。其中主要包括预制混凝土桩和现浇混凝土桩等技术。随着桩基技术的大量应用寻求使用较少的混凝土方量，实现造价低、承载力高、沉降变形小、地基稳定性强的新型桩基技术成为岩土工程界迫切需要解决的问题之一。正是考虑到实心桩及预制管桩的不足，著者等人研发了现浇混凝土大直径管桩（Large-diameter Pipe Pile Using Cast-in-place Concrete 简称 PCC 桩，见图 1-1）软土地基加固技术[1,2]，并已得到了推广应用，而以柔性桩的成本达到了刚性桩的加固效果。

图 1-1 现场 PCC 桩头开挖图

PCC 桩是一种高效经济的软土地基加固专利技术[3-12]，主要采取振动沉模、自动排土、现场灌注混凝土而成管桩。具体步骤是：依靠沉腔上部振动锤的振动力，将由内外双层套管所形成的环形腔体，在活瓣桩靴的保护下，打入预定的设计深度。然后在腔体内现场浇注混凝土，边振动边拔管，拔管同时视情况添加混凝土，从而在环形域空腔中形成混凝土管桩。根据设计要求，也可以在环形空腔内放入钢筋笼，以形成现浇钢筋混凝土大直径管桩。在形成复合地基时，为了保证桩、土共同承担荷载，调整桩与桩间土之间竖向荷载及水平荷载的分担比例，以及减少基础底面的应力集中，在桩顶设置褥垫层，从而形成现浇混凝土大直径管桩复合地基。

与其他桩型相比，PCC 桩具有很多突出的优点。由于采用双层套管护壁，能很好地保持两侧土体的稳定性，因此，PCC桩能适合各种复杂的地质条件，且沉桩深度较大。双层钢管空腔结构可以形成较大桩径的管桩，且桩径和管桩壁厚可以根据需要进行调节，与相同有效截面积的实心桩相比，PCC 桩与桩周土接触面积较大，可大幅提高桩侧摩阻力，节省桩身混凝土用量，降低工程造价。PCC 桩桩机带有活瓣桩靴结构，克服了使用预制钢筋混凝土桩头的缺点，不仅能降低成本，而且可加快施工进度。可以通过设置桩靴的倾斜方向来调整沉模过程中的挤土方向。通过造浆器造浆，可以减小沉模时环形套模内外壁摩擦阻力，保护桩芯土和侧壁土稳定。采用振动双层套管成模工艺，施工质量稳定，且容易控制。由于现浇混凝土大直径管桩具有施工适应性强、适用范围广、施工质量易于控制、单位场地面积造价低、加固效果突出等优点，具有良好的推广应用价值。

1.2 PCC 桩复合地基研究进展

1.2.1 静荷载作用下 PCC 桩复合地基受力特性研究现状

PCC 桩广泛应用于高速公路、高速铁路、市政道路和港口工程等软基处理，均采用复合地基的形式。因此，PCC 桩静力特性的研究大都围绕单桩和复合地基竖向承载特性、沉降变形规律等展开，这些研究工作主要集中在以下几方面：

（1）PCC 桩荷载传递机理研究

PCC 桩是一种大直径管桩，同时存在内、外摩阻力的作用，其荷载传递机理不同于一般的实心沉管灌注桩。费康等[13]基于荷载传递法，考虑了土塞的作用，提出了一种 PCC 桩荷载-沉降关系的简化分析方法。利用该简化方法对桩的几何尺寸、桩身弹性模量、桩壁与桩周土之间的弹簧刚度、桩壁与土塞之间的弹簧刚度、桩壁与底部土体之间的弹簧刚度、土塞与底部土体之间的弹簧刚度等桩荷载传递关系的主要影响因素进行了分析。还采用有限元方法对 PCC 管桩荷载传递机理、破坏机理、影响因素进行了较深入的分析[14,15]。针对内摩阻力的分布形式，建立了相应的计算公式。谭慧明等[16]开展了大型模型槽足尺试验，在土芯内部埋设土压力盒，通过试验过程中土压力的变化实测内摩阻力的分布规律，得到 PCC 桩内摩阻力、外摩阻力和端阻力所占的百分比。

（2）承载力计算方法研究

PCC 桩承载力由内、外摩阻力和端阻力组成。由于土塞效应的存在，内摩阻力并不能得到充分发挥，因此承载力并不是内、外摩阻力和端阻力的简单叠加。费康[13]在荷载传递规律分析的基础上，提出了 PCC 桩单桩竖向极限承载力计算公式，认为 PCC 桩的单桩竖向极限承载力等于单桩总极限桩身端阻力、单桩总极限外侧摩阻力和极限状态时单桩的总内侧摩阻力的叠加，并给出了单桩的总内侧摩阻力的计算公式。通过工程中典型尺寸的 PCC 桩的算例分析验证了公式的正确性。杨寿松[17]计算单桩极限承载力时考虑了桩芯土的有利影响，通过现场试验结果分析，认为管桩闭塞效应明显，因此在其下端作用于较好的持力层上时桩芯土体所提供的承载力可按桩芯土体的面积所对应的下卧土层的承载力来考虑，现浇大直径管桩的极限承载力可参照端承摩擦桩的计算方式进行。

（3）复合地基沉降计算方法

以往的沉降计算方法是在假定褥垫层顶面沉降相同，即受到刚性荷载作用下提出的，这个假定对于路堤等柔性荷载是不成立的。路堤荷载不同于理想刚性荷载和理想柔性荷载，基于"等应变假设"和"自由应变状态"假设的沉降计算方法对大直径、大间距的 PCC 桩复合地基不再适用，但这些方法对提出合适的简化方法有借鉴作用。已有成果利用差分法求解土体的沉降变形，但方法中没有考虑路堤荷载的特点和桩土间的接触特性，仅适合于柔性桩复合地基。参照这一思路，费康[13,18]假设在路堤填土荷载作用下，刚性桩复合地基典型单元体的变形主要为垂直方向的沉降，但不假定其分布形式，而是从土体平衡方程出发，应用材料的几何、物理方程得到支配方程后直接采用有限差分法求解得到了复合地基沉降计算方法。分析中将填土与加固区、下卧层一起纳入分析，以此来反映填土与路基的相互作用，能反映桩的上下刺入变形，可解决成层土问题。同时，也考虑了桩、土间的接触滑移变形，更适用于路堤荷载作用下刚性桩复合地基的沉降计算。计算表明：刚性桩复合地基的沉降很大程度上取决于下卧层的变形，加固区的压缩变形主要发生在表层的桩周土。计算所得沉降及桩土应力比与现场基本一致，表明该简化方法具有一定的精度，是一种较为简便实用的工程设计方法。

温世清等[19]在前人复合地基的沉降计算方法的基础上，考虑 PCC 桩在褥垫层和下卧层中的上、下刺入的情况，提出了 PCC 桩复合地基沉降简化计算方法。假定 PCC 桩复合地基沉降计算方法是基于 PCC 桩-土-垫层所组成的一个工作体系。综合考虑各部分的工作特性及相互影响，对 PCC 桩整体进行分析。考虑 PCC 桩在褥垫层及下卧层的上、下刺入量对复合模量的影响，建立桩体平衡方程。引入 PCC 桩桩体模量发挥系数，并通过迭代的方法最后确定模量发挥系数，提出一种求解 PCC 桩复合地基复合模量的计算方法。最终得到 PCC 桩复合地基的沉降计算公式。根据上述计算方法进行 PCC 桩复合地基沉降计算，计算结果都是在较为合理的范围之内。对一工程实例进行了分析，利用上述沉降计算方法计算的沉降值基本接近现场实测沉降值，同时由该方法得到的桩土应力比和现场实测的桩土应力比比较一致，能够满足工程实际的要求。因此上面推求的桩土应力比和沉降简化计算公式能够满足工程需要，为实际工程提供了一种既简便又实用的方法。

（4）负摩阻力作用下 PCC 桩工作性状

复合地基中土体表面沉降比桩顶大，因此在桩顶附近一定深度范围内土体对桩产生向下的作用力，即负摩阻力。张晓健[20]针对有效应力法计算负摩阻力存在的不足，从负摩阻力产生的根本原因出发，分析得出了负摩阻力的产生过程是受有效应力和相对位移两种因素制约的结论。结合以往计算桩土相对位移的不足，从桩身单元的基本弹性微分方程出发，利用数学方法求出了该方程的通解，给出桩土相对位移的计算公式。该方法考虑了桩顶处桩土位移的差异，较以前的方法更为合理。通过算例中的参数进行验证，计算表明该方法符合实际，计算结果较为合理。同时指出负摩擦区的极限摩阻力是有效应力和相对位移相互作用的最佳结合点。在相对位移的基础上，利用数值计算方法，得出了最大负摩阻力出现的深度。利用桩顶、中性点，以及最大负摩阻力处三个边界条件，进行负摩阻力的简化计算，得到桩侧负摩阻力随深度变化关系。采用国内外进行的一些现场试验的实测数据进行了验证，验证结果表明本报告推导的负摩阻力计算值非常接近实测数据，说明了方法的可行性。

（5）挤土效应研究

目前国内外对管桩挤土效应的研究还较少，费康等[13]通过现场试验和数值模拟对此进行了分析。进行了软黏土地区PCC管桩挤土效应现场试验研究，对沉桩过程中地面隆起及地面水平位移、超孔隙水压力、深层水平位移和挤土土压力等观测结果进行了整理和分析。试验直观反映了PCC管桩打入过程对桩周土的影响，验证了桩间距设计的合理性。

（6）水平承载特性研究

PCC桩在基坑支护、边坡加固、港口码头及海堤工程中都会受到水平荷载的作用，研究水平荷载下PCC桩的受力特性可以为水平承载PCC桩的工程应用设计提供理论上的支持。所以，研究PCC桩水平承载特性具有重要的理论意义，同时也具有工程应用等现实意义。

马志涛等[21,22]对PCC桩的水平承载特性进行了分析计算。根据PCC桩的成桩特点，在均质砂土中，开展了PCC桩室内模型试验，探讨分析了PCC桩桩身水平位移、桩身弯矩以及桩前土抗力分布等水平受力特性，定性地分析桩径、桩长以及分层土体对受力特性的影响；基于杭千高速公路软基处理工程，对PCC桩进行现场试验研究，分析了其水平承载性能。对单桩的极限承载力、不同加载方式的影响进行了分析；考虑土体的弹塑性变形性质以及桩土作用的非线性特性，建立一个静荷载下水平承载桩的弹塑性简化分析方法。

何筱进[23]通过室内模型试验、现场试验、有限元数值模拟试验分析及弹性幂级数解析法分析等手段，对PCC桩水平承载的桩身受力性状，桩身挠曲位移，桩身弯矩分布，桩与桩周土相互作用的地基反力等几方面进行了初步的探讨和研究。

刘汉龙等[24]、陆海源[25]研究了PCC桩结构直立式海堤计算方法，在桩体作为刚性桩时，分析了不同位移模式下桩的受荷状态的不同。运用水平层分法，给出了被动土压力下各种位移模式的土压力分布解析解，对库仑土压力进行了修正。

张建伟[26]提出了一种基于双参数地基模型，应用变分原理和最小势能原理导出桩身位移控制微分方程，并利用有限差分法对方程进行求解。该方法与传统的弹性地基系数法相比，能够考虑土体的连续性和土层间的剪切相互作用。在该方法的基础之上进而给出了成层地基中 PCC 桩水平承载特性的弹塑性解答，该方法考虑了土体的塑性，较弹性分析法更为接近实际，通过与足尺模型试验结果和有限元计算结果进行对比，验证了该方法的准确性。利用三维有限元数值模拟对砂土和黏性土中的 PCC 桩的水平承载特性进行了分析，得到了在不同桩径、不同桩长、不同土体参数下的 PCC 桩的水平承载特性。

1.2.2　动荷载作用下 PCC 桩复合地基受力特性研究现状

实际工程中，PCC 桩可能承受各种动荷载的作用。PCC 桩应用最为广泛的是高速公路软基处理，路堤下 PCC 桩会受到交通荷载的作用，这是一种高频长时间的竖向动荷载；在海堤结构中，PCC 桩会受到波浪荷载的作用，这是一种低频长周期荷载；在民用建筑中，上部结构会受到风荷载的作用，PCC 桩基础也受到这种动荷载的影响；若 PCC 桩作为动力机器基础，会直接受到上部动荷载作用；地震区 PCC 桩可能受到地震作用；采用动力方法测桩时，PCC 桩受到稳态或瞬态激振力的作用。研究各种动荷载作用下 PCC 桩的动力响应具有重要的理论意义和实用价值。与静力特性的研究相比，PCC 桩动力特性的研究正在展开，已经研究的主要集中在 PCC 桩复合地基的地震动力响应和低应变检测动力响应等方面，PCC 桩隔振效果研究也已经开展。

（1）地震作用下 PCC 桩复合地基动力反应分析

研究刚性桩复合地基在地震作用下的动力反应对于抗震设

计具有重要的指导意义。朱小春[27]提出了一种 PCC 桩复合地基动力分析的二维简化模型，借助于有限元方法，进行了地震作用下的动力反应计算，并分析了桩距、桩长、桩径、桩体弹性模量、壁厚等参数对复合地基动力特性的影响。

丁选明[28]采用三维非线性有限单元法，对水平地震作用下 PCC 桩复合地基动力反应进行了计算分析。土体初应力由静力计算得到，静力计算本构模型采用邓肯-张弹性非线性模型。动力计算中视土体为黏弹性体，采用等效线性动本构模型，模型边界处设置黏弹性边界。通过对绝对加速度、相对动位移和动剪应力计算结果的分析，得到了许多重要结论。还分析了等截面实心桩复合地基的动力反应，将 PCC 桩复合地基的抗震性能与实心桩复合地基进行了对比分析。谭慧明[29]采用三维非线性有限单元法，对水平地震作用下 PCC 桩复合地基褥垫层的影响进行了计算分析。分析了垫层厚度、垫层模量对复合地基动力反应的影响。

（2）PCC 桩低应变瞬态动测响应研究

费康[30]分析了低应变检测对 PCC 桩的适用性。对低应变中受瞬间冲击荷载作用的完整和缺陷 PCC 桩的动力响应进行了一维及三维有限元模拟，详细研究了 PCC 桩低应变检测中的三维效应。研究结果表明：除了一维应力波理论中的纵向振动外，PCC 桩顶所测的动力响应中还包含弯曲振动以及波在桩顶表面传播和内外边界上的反射的影响。在研究结果的基础上，对 PCC 桩低应变检测试验中激振点和测点的最佳位置和如何合理分析试验结果给出了建议。丁选明[31]建立了低应变瞬态集中荷载作用下完整 PCC 桩动力响应的解析方法。采用该解析方法对各振动模式的速度响应特性、径向不变假定的适应性、桩顶不同点的速度响应特性、入射波峰大小和到达时间、高频干扰等进行了较为系统的研究。建立了低应变瞬态集中荷载作用下任意段变阻抗 PCC 桩动力响应的解析方法，并推广到多段变阻抗桩。应用该方法对缺陷桩桩顶速度响应特性、变截面桩和变模量桩速度响应特性、不同深度缺陷反射峰特征、脉冲宽度与缺陷分辨率、不同类型缺陷的反射波特征进行了研究。

（3）PCC桩隔振性能研究

建筑施工、铁路和公路交通、工业和爆破等人类活动引起的振动日益频繁，当振动强度超出人类生活、精密仪器、建筑物及其基础的容许范围时，就必须采取减小振动的措施加以缓解，这就是通常意义上的隔振，隔振已经成了非常重要的环境和工程问题[32,33]。魏良甲[34]利用有限元数值计算方法对PCC桩的近场屏障隔振特性进行了研究。利用有限元软件建立场地的三维模型，研究了设置PCC桩屏障和自由场地表面振幅的变化情况，通过整个场地振幅衰减系数等值线图以及特征点分析单排PCC桩屏障的隔振性能。

1.3 PCC桩复合地基工程应用

PCC桩技术已广泛应用于我国江苏、浙江、上海、安徽、天津、河北等多个省市的高速公路、高速铁路、港口和市政道路工程大面积软土地基处理，如天津地区京沪二期高速公路、京沪高速南京火车南站连接线、江苏盐通高速公路、南京绕城高速公路、镇江金阳市政大道、上海北环高速公路、浙江杭千高速公路、天津威武高速公路、河北沿海高速公路、湖南常张高速公路、南京河西滨江大道、华菱钢厂港口工程等，并有效地解决了工后沉降和不均匀沉降难题，加快了工程进度，节省了大量混凝土材料，减少排放，取得了显著的社会经济效益。

表1-1给出了典型PCC桩工程应用情况的简介。

PCC桩典型工程应用实例　　　　　　　　　　　　　　　表 1-1

工程名称	地质条件	处理方案	应用类型
南京大厂市政道路	地基土层为 8～18m 深粉质黏土	$H=6.0\sim11.8m$，$a=120mm$，$\varphi=1000mm$，$S_a=3.0m$，$S_b=3.5m$，矩形布置	公路路堤
上海北环高速公路	古河道沉积软土	$H=10.0\sim18.0m$，$a=120mm$，$\varphi=1000mm$，$S_a=3.0m$，$S_b=4.0m$，矩形布置	公路拓宽路堤
天津威乌高速公路	深厚软黏土	$H=16.0\sim18.0m$，$a=120mm$，$\varphi=1000mm$，$S_a=3.0m$，$S_b=3.0m$，正方形布置	公路桥头路堤
浙江杭千高速公路	淤泥质饱和土，伴有河流冲积相亚砂土、粉砂交互层	$H=12.0\sim20.0m$，$a=120mm$，$\varphi=1000mm$，$S_a=3.5m$，$S_b=4.0m$，矩形布置	公路桥头路堤
江苏盐通高速公路	淤泥及淤泥质土，部分地段存在超软、深厚的软土	$H=16.0\sim18.0m$，$a=100\sim120mm$，$\varphi=1000mm$，$S_a=3.30m$，$S_b=3.3m$，正方形布置	公路桥头路堤
京沪高速铁路南京仙西联络线工程	淤泥质粉质黏土	$H=8.0\sim16.0m$，$a=150mm$，$\varphi=1000mm$，$S_c=2.50m$，梅花形布置	高速铁路路基
靖江经济开发区下青龙港港池工程	淤泥质粉质黏土	$H=10.0\sim17.0m$，$a=120mm$，$\varphi=1000mm$，$S_c=3.0m$，正方形布置	港池码头堆场
南京绕城高速公路拼宽工程	淤泥质粉质黏土	$H=20.0m$，$a=120mm$，$\varphi=1000mm$，$S_a=3.0m$，$S_b=2.8m$ 或 $3.0m$，矩形布置	高速公路拼宽

注：H 为桩长，a 为壁厚，φ 为桩直径，S_a 为横向桩间距，S_b 为纵向桩间距，S_c 为等边三角形边长。

第 2 章 PCC 桩复合地基设计

2.1 PCC 桩复合地基设计一般规定

PCC 桩自开发以来，其先进性和实用性已经在工程中得到证明。但 PCC 桩复合地基也有其适应范围和应用条件，并不能解决所有软基处理的问题。因此，PCC 桩复合地基设计时要遵循一些相关规定。

1. PCC 桩复合地基可适用于处理黏性土、粉土、淤泥质土、松散或稍密砂土及素填土等地基，PCC 桩复合地基处理深度不宜大于 25m。对于十字板抗剪强度小于 10kPa 的软土以及斜坡上软土地基，应根据地区经验或现场试验确定其适用性。

PCC 桩目前最大的应用深度为 25m。如果加固的深度继续加大，必须增加桩机设备的高度，增大桩机振动头的动力，从而增加地基加固的成本，因此，《PCC 桩复合地基规程》暂定深度为 25m。

2. PCC 桩复合地基的设计应具备下列基本资料：

（1）岩土工程勘察资料

应进行工程地质勘察并提供勘察报告，内容应包括：①场地钻孔位置图、地质剖面图；若有填土，应明确填土材料的成分、粒径组成、有机质含量、厚度及填筑时间；②各土层物理力学指标、承载力特征值和孔隙比-压力（e-p）曲线；③标准贯入试验、静力或动力触探试验等原位测试资料；④各土层桩端阻力、桩侧阻力特征值；⑤对于软土，应用十字板剪切试验测定土体的不排水抗剪强度；⑥水文地质资料，应包括地下水类型、水位、腐蚀性等，并应提供防治措施建议；⑦拟建场地的抗震设计条件，应包括建筑场地类别、地基土有无液化的判定等；⑧特殊岩土层的性质、分布，并应评价其对现浇混凝土大直径管桩的影响程度。

（2）工程场地与环境条件资料：①工程场地的现状平面图，应包括交通设施、高压架空线、地下管线和地下构筑物的分布；②相邻建筑物安全等级、基础形式及埋置深度；③水、电及有关建筑材料的供应条件；④周围建筑物的防振、防噪声的要求。

（3）建设工程资料：①工程总平面布置图；②工程基础平面图和剖面图；③设计要求的承载力和变形控制值；④对应于荷载效应标准组合时的基底压力和对应于荷载效应准永久组合时的基底压力。

（4）施工条件资料：①施工机械设备条件；②PCC桩场地施工条件。

PCC桩目前已在公路工程、铁路工程和市政工程中得到应用。由于不同的工程对地质条件有着不同的要求，所以在进行岩土工程勘察时，除应遵守《PCC桩复合地基规程》外，尚需符合国家及其他现行有关标准的规定。

3. PCC桩复合地基设计应进行下列计算和验算：

（1）复合地基承载力计算，满足设计要求；

（2）复合地基沉降计算，满足规定变形要求；

（3）复合地基软弱下卧层承载力和沉降验算；

（4）桩身强度验算，满足安全要求；

（5）坡地、岸边复合地基、基岩面倾斜的复合地基、高路堤等特殊情况下的PCC桩复合地基应进行整体稳定性验算，验算方法可按照现行国家标准《建筑地基基础设计规范》GB 50007关于稳定性计算的有关规定执行。

4. 特殊条件下的 PCC 桩设计原则应符合下列规定：

（1）软土中的 PCC 桩宜选择中、低压缩性土层作为桩端持力层；

（2）软土中 PCC 桩设计时，应采取技术措施，减小挤土效应对成桩质量、邻近建筑物、道路、地下管线和基坑边坡等产生的不利影响；

（3）对建于坡地岸边的 PCC 桩复合地基，不得将 PCC 桩支承于边坡潜在的滑动体上；桩端进入潜在滑裂面以下稳定土层内的深度应能保证桩基的稳定；

（4）PCC 桩复合地基与边坡应保持一定的水平距离；建筑场地内的边坡必须是完全稳定的边坡，当有崩塌、滑坡等不良地质现象存在时，应按现行国家标准《建筑边坡工程技术规范》GB 50330 的规定进行整治，确保其稳定性；

（5）新建坡地、岸边建筑 PCC 桩复合地基工程应与建筑边坡工程统一规划，同步设计，合理确定施工顺序；

（6）对建于坡地岸边的 PCC 桩复合地基，应验算其在最不利荷载效应组合下的整体稳定性和水平承载力。复合地基竖向增强体长度应超过与设计要求安全度对应的危险滑动面下2.0m。宜采用梅花形布桩。

2.2　PCC 桩复合地基的材料与构造

2.2.1　材料

1. PCC 桩所用的混凝土强度等级不宜低于 C15。根据刚性桩复合地基变形控制的要求，现浇混凝土大直径管桩所用的混凝土强度等级可以从 C15～C30 选用。由于管桩壁厚最小为120mm，因此，混凝土的粗骨料粒径不宜大于 25mm，以免混凝土浇筑时卡管。混凝土坍落度如过小，在成桩的过程中也易造成卡管，从而出现断桩和缩颈，坍落度如过大在混凝土运输及振动拔管过程中易形成混凝土离析，从而会导致桩体在加料口一侧混凝土的石子多而另一侧混凝土砂子多的现象。通过大量工艺试验表明，现场搅拌混凝土坍落度宜为 80～120mm；如用商品混凝土，非泵送时坍落度宜为 80～120mm，泵送时坍落度宜为 160～200mm。

2. PCC 桩桩顶褥垫层宜采用无机结合料稳定材料、级配砂石等材料，级配砂石最大粒径不宜大于 50mm。加筋材料可选用土工格栅、土工编织物等，其抗拉强度不宜小于 50kN/m，延伸率应小于 10%。无机结合料稳定材料指在粉碎的或原状松散的土中掺入一定量的无机结合料（包括水泥、石灰或工业废渣等）和水，经拌和得到的混合料在压实与养护后，达到规定强度的材料。不同的土与无机结合料拌和得到不同的稳定材料，例如石灰土、水泥土、水泥砂砾、石灰粉煤灰碎石等，使用时应根据结构要求、掺加剂和原材料的供应情况及施工条件进行综合技术、经济比较后选定。加筋材料采用变形小、强度高的土工格栅类型、土工编织物、钢丝网等，土工格栅包括玻璃纤维类和聚酯纤维类两种类型。

3. PCC 桩桩顶封口材料应采用与桩身强度等级相同的混凝土。单根 PCC 桩施工结束和混凝土凝固后，将桩顶部中间挖去厚为 500mm 土体，并采用与桩身同强度等级的素混凝土回灌，形成类似于倒扣茶杯状的封顶管桩。

2.2.2 构造

目前在工程中，使用比较成熟的 PCC 桩尺寸有两种，其外直径分别为 1000mm、1250mm，壁厚分别为 120mm、150mm，考虑到桩基上部振动头的振动力和上拔力，将来也可以通过调

试和现场试验采用 1500mm 的桩
径。PCC 桩复合地基的构造（图
2-1），由 PCC 桩桩体、素混凝土
封口、褥垫层、加筋材料及土层
（桩周土体和桩芯土体）等组成。
在 PCC 桩桩体初凝后，开挖 50cm
的桩芯土，浇筑桩头，形成素混
凝土封口。其目的一是为了增加
顶部强度和整体性，减少与上部
刚性垫层或柔性垫层之间的集中
应力，使受力均匀，减少上刺量；
二是保证桩头的施工质量。

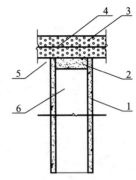

图 2-1　PCC 桩复合地基的构造
1—桩体；2—素混凝土封口；
3—褥垫层；4—加筋材料；
5—桩周土；6—桩芯土

2.3　PCC 桩复合地基的几何尺寸设计

1. 横截面设计

设 PCC 桩外径 D_1，内径 D_2，壁厚为 h，同等截面面积圆形
桩直径 d，则有：

$$\pi(D_1^2 - D_2^2)/4 = \pi d^2/4 \tag{2-1}$$

即：

$$d = \sqrt{D_1^2 - D_2^2} \tag{2-2}$$

PCC 桩与等截面的圆形桩周长比为：

$$\frac{\pi D_1}{\pi d} = \frac{D_1}{\sqrt{D_1^2 - D_2^2}} \tag{2-3}$$

图 2-2 给出了 PCC 桩比等面积圆形桩周长增加的百分比。
从图 2-2 可知，对于典型的 PCC 桩尺寸（$D_1 = 1000\text{mm}$，$D_2 = 760\text{mm}$），同等截面面积（同混凝土用量）PCC 桩比圆形桩承载
力（外周长）提高了 54%，尚不包括内摩阻力。

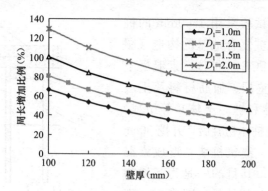

图 2-2　PCC 桩比等面积圆形桩周长增加的百分比

假设 PCC 桩与圆形桩外周长相同，即 $D_1 = d$，则 PCC 桩与等外周长圆形桩面积比为：

$$\frac{\pi(D_1^2 - D_2^2)}{\pi d^2} = \frac{D_1^2 - D_2^2}{D_1^2} = 1 - \left(\frac{D_2}{D_1}\right)^2 \tag{2-4}$$

图 2-3 给出了 PCC 桩比等外直径圆形桩面积减小的百分比。从图可知，对于典型的 PCC 桩尺寸（$D_1 = 1000$mm，$D_2 = 760$mm），在同承载力（同周长，不考虑内摩阻力）的条件下，PCC 桩与圆形桩相比，可节省混凝土用量（截面面积）58%。

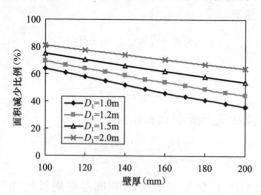

图 2-3　PCC 桩比等外直径圆形桩面积减小的百分比

考虑到 PCC 桩的施工成本和技术经验，《PCC 桩复合地基规程》规定 PCC 桩外径和壁厚应符合下列规定：（1）PCC 桩的外径宜为 1000mm、1250mm，并且不应小于 1000mm；（2）对于外径为 1000mm 的 PCC 桩，壁厚不宜小于 120mm；对于外径为 1250mm 的 PCC 桩，壁厚不宜小于 150mm。因此，PCC 桩设计截面几何尺寸建议值如表 2-1 所示。

PCC 桩典型横截面尺寸　　　　　　　表 2-1

序号	外径（mm）	内径（mm）	壁厚（mm）	截面积（m²）	外周长（mm）
1	1000	760	120	0.3318	3141.6
2	1000	700	150	0.4006	3141.6
3	1100	860	120	0.3695	3455.7
4	1100	800	150	0.4477	3455.7
5	1200	900	150	0.4948	3769.9
6	1250	950	150	0.5184	3927.0

2. 桩间距设计

桩间距的设计与桩本身的尺寸有关，PCC 桩为大直径桩，根据国家行业标准《建筑桩基技术规范》JGJ 94 规定，基桩的布置宜符合下列条件：排数不少于 3 排且桩数不少于 9 根的摩擦型部分挤土桩基，其最小桩间距为 3～3.5 倍桩径。由于 PCC 桩属大直径，通过现场试验，考虑复合地基承载力、土性、位置及施工工艺等，确定 PCC 桩的桩间距为 2.5～4 倍桩径。根据戴民[35]的研究成果，桩间距对土层沉降量的影响主要表现在加固区范围内，而在下卧层，桩间距对沉降的影响较弱，加固区范围内，同一深度土层沉降量随桩间距的减小而减小，这表明 3.0m 桩间距对沉降的控制效果最好（图 2-4），对于沉降控制要求较高的处理段宜使用小桩间距。桩间距对桩土荷载分配比的影响较为复杂，当填土高度达到约 3m 以上时，各桩间距桩土荷载分担比较为接近，表明在 3m 以上填土高度时，桩间距对桩土荷载分担比的影响较弱。刘庆[36]的研究表明：存在一个临界桩间距，其值为（4～6）D，当 D 小于临界桩间距时，桩土应力比 n 处于一个相对较高的水平，当 D 大于临界桩间距时，桩土应力比 n 处于一个相对较低的水平（图 2-5）。因此设计时，PCC 桩的桩间距不宜太大，《PCC 桩复合地基规程》规定上限为 4D。

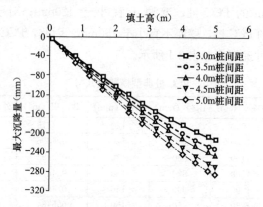

图 2-4　不同桩间距下最大沉降量与填土高度关系图

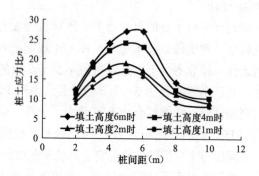

图 2-5　桩土应力比随桩间距变化图

3. 桩长设计

作为承担竖向荷载的 PCC 桩，桩长的设计需同时满足承载力和沉降的要求。理论上，PCC 桩能施工的桩长可达 25m 以上，但是由于施工桩长的增加势必导致打桩成本的增加，在经济上没有优势。进一步，考虑到施工工艺的成熟性，《PCC 桩复合地基规程》规定 PCC 桩施工最大桩长为 25m。PCC 桩设计时，宜选择较好的土层作为持力层，因此设计桩长宜打穿软土层。当软土层较深，超过 PCC 桩的最大沉桩深度时，也可在沉降验算满足要求的基础上，不打穿软土层，但沉降计算时需验算软弱下卧层承载力和沉降。当采用 PCC 桩处理后仍不能满足沉降要求时，也可施加部分超载预压。此外，考虑到 PCC 桩今后必定往更长的桩长发展，书中给出了超长 PCC 桩的施工改进技术，详见本书第 3 章第 3.3 节内容。

4. 盖板设计

盖板尺寸与桩间距及上部填土高度有关。对于路堤下的 PCC 桩复合地基，由于路堤中存在土拱效应，填土荷载经土拱效应调节后作用于复合地基。在土拱上部，存在一等沉面。当然，土拱的形成是有条件的，Zhuang[37] 的研究表明，拱顶高度必须大于 1.5 倍拱跨，才能形成土拱，因此路堤填土高度必须大于桩边缘净间距的 1.5 倍，否则填土中不能形成土拱，填土表面会有差异沉降，影响上部结构的施工。在这种情况下，桩顶必须设置盖板，以减小桩与桩之间的净间距，协调桩与土之间的差异变形。

当然，盖板的尺寸还应与垫层中的加筋体有关，一般加筋材料强度越高、变形越小、加筋层数越多，则盖板尺寸越小。基于工程偏于安全的考虑，在盖板设计时可不考虑垫层的作用，即加筋盖板尺寸必须满足：盖板边缘净间距的 1.5 倍小于填土高度（包括垫层厚度在内）。以常用的外直径 1m 的 PCC 桩为例，若桩间距为 3m，则桩与桩之间的净间距为 2m，当填土高度在 3m 以上时，填土高度大于 1.5 倍桩净间距，可以不设置盖板，开挖 500mm 桩芯采用混凝土封顶即可；当填土高度小于 3m 时，应设置盖板。

以下为几个典型工程的盖板设计：（1）靖江经济开发区新港园区下青龙港港池工程由泊位码头（高桩码头）、码头前沿堆场及防浪墙三个部分组成。桩顶设置桩帽，尺寸（长×宽×高）为 2.0m×2.0m×0.20m，桩帽适当配筋。（2）京沪高速铁路仙西联络线，L1XDK10＋260～L1XDK10＋610，桩顶设置了

1.2m 直径的圆形盖板。(3)江苏盐通高速公路 PCC 桩试验段，将桩顶 500mm 的桩芯土掏空，然后回填混凝土，形成直径与 PCC 桩同直径的盖板。

5. 垫层设计

垫层厚度与桩间距及上部填土高度有关。复合地基的桩顶应铺设褥垫层。铺设褥垫层的目的是为了调整桩土应力比，减少桩头应力集中，有利于桩间土承载力的发挥。褥垫层的设置是刚性桩复合地基的关键技术之一，是保证桩、土共同作用的核心内容。

PCC 桩单桩承载力较高，为充分发挥 PCC 桩复合地基的加固效果，杨寿松[17]设计了两种垫层，分别为两层土工格栅加碎石垫层和两层土工格栅加两灰垫层，并比较其加固效果。通过对比 600mm 灰土垫层和 500mm 碎石垫层区的桩土差异沉降发展规律可以发现，在路堤填筑高度相同时灰土垫层区的差异沉降值要小于碎石垫层区的差异沉降，而沉降收敛的规律却基本一致，这说明 600mm 灰土垫层抵抗变形的能力要强于 500mm 碎石垫层，因此在今后的实践中也可采用灰土来代替碎石垫层。对于有防渗要求的复合地基，可使用渗透系数很小的材料作为垫层。

谭慧明[16]开展了刚性基础下 PCC 桩复合地基足尺模型试验，研究了不同垫层的影响。结果表明：在 PCC 桩复合地基中，上部荷载通过桩间土体和桩体传递到深层土体。随着上部荷载的增加，通过桩间土直接传递到深层土体的荷载比例是逐渐变小的，通过桩侧负摩阻力传递给桩体的荷载比例也是减小的，但通过桩顶直接作用传给桩体的荷载比例和通过桩端阻力传递给深层土体的荷载比例都是增加的，通过桩体正摩阻力传递给土体的荷载比例变化不明显。

褥垫层厚度对比试验表明：对于同一种褥垫层而言，在相同荷载作用下，随着褥垫层厚度的增加，加载板沉降是增大的，而桩土应力比、桩身各处轴力、桩芯土压力和内摩阻力都是减小的。通过桩体传递的荷载比例也随着褥垫层厚度的增加而减小，通过负摩阻力传递的荷载比例是增大的，但仍然以桩顶直接作用这种途径为主向桩体传递荷载。

褥垫层加筋材料层数对比试验表明：对于厚度相同的褥垫层而言，在相同的荷载下，随着加筋材料层数的增加，从无筋到单层加筋再到双层加筋，加载板沉降量是减小的，但桩土应力比、桩身各处轴力、桩芯土压力和内摩阻力都是增大的。此外，通过桩顶直接传递给桩体的荷载比例是逐渐增加的，而由负摩阻力传递给桩体的荷载却是在减小，通过这两条途径所传递给桩体的总荷载比例是增大的，桩体同样起到了传递荷载主要作用。

《PCC 桩复合地基规程》根据大量的工程实践总结，褥垫层的厚度取 300～500mm，一般上部填土较厚时取高值（荷载大，调整荷载分担），桩间距大或桩间土较软时取高值。为充分发挥 PCC 桩的承载作用，桩顶褥垫层中应铺设加筋材料。褥垫层内设加筋材料 1～2 层，褥垫层厚度大时取 2 层。

2.4　PCC 桩复合地基承载力计算

《PCC 桩复合地基规程》规定 PCC 桩复合地基竖向承载力特征值应通过现场单桩复合地基载荷试验确定，初步设计时也可按下列公式估算：

$$f_{spk} = m \frac{R_a}{A_p} + \beta(1-m) f_{sk} \tag{2-5}$$

$$R_a = \frac{1}{K} Q_{uk} \tag{2-6}$$

$$Q_{uk} = u \sum_{i=1}^{n} q_{sik} l_i + \xi_P q_{pk} A_p \tag{2-7}$$

$$m = d^2 / d_e^2 \tag{2-8}$$

式中 f_{spk}——复合地基竖向承载力特征值（kPa）；

　　m——桩土面积置换率；

　　d——桩身外直径（m）；

　　d_e——一根桩分担的处理地基面积的等效圆直径（m），按等边三角形布桩时，d_e 可按 $1.05D$ 取值；按正方形布桩时，d_e 可按 $1.13D$ 取值；按矩形布桩时，d_e 可按 $1.13\sqrt{D_1D_2}$ 取值；D、D_1、D_2 分别为桩间距、纵向桩间距和横向桩间距（m）；

　　R_a——单桩竖向承载力特征值（kN）；

　　A_p——包括桩芯土在内的桩横截面面积（m²）；

　　β——桩间土承载力折减系数，宜按地区经验取值，如无经验时可取 $0.75\sim0.95$，天然地基承载力高时宜取大值；

　　f_{sk}——处理后桩间土承载力特征值（kPa），宜按当地经验取值，如无经验时，可取天然地基承载力特征值；

　　Q_{uk}——单桩竖向极限承载力标准值（kN）；

　　K——安全系数，取 $K=2$；

　　u——桩身外周长（m）；

　　n——桩长范围内所划分的土层数；

　　ξ_p——端阻力修正系数，与持力层厚度、土的性质、桩长和桩径等因素有关，可取 $0.65\sim0.90$，桩端土为高压缩性土时取低值，低压缩性土时取高值；

　　q_{sik}——桩侧第 i 层土的极限侧阻力标准值（kPa）；当无当地经验时，可按现行行业标准《建筑桩基技术规范》JGJ 94 的规定取值；

　　q_{pk}——极限端阻力标准值（kPa）；当无当地经验时，可按现行行业标准《建筑桩基技术规范》JGJ 94 的规定取值；

l_i——桩穿过第 i 层土的厚度（m）。

对某高速公路一算例进行计算分析，假定 PCC 桩外径 1.0m，壁厚 0.12m，桩长 18m，桩间距 3.3m，正方形布置，则根据式 2-8 可计算得到置换率为 7.21%。持力层端阻力标准值为 800kPa，桩间土承载力特征值为 100kPa，土层厚度和侧阻力标准值见表 2-2。

各土层侧阻力标准值　　　　　　　　　　　表 2-2

土层厚度（m）	侧阻力标准值（kPa）
1.7	20
2.7	28
1.0	15
6.0	20
1.6	18
5.0	28

取端阻力修正系数 $\xi_P = 0.8$，可计算得到单桩承载力标准值为：

$$Q_{uk} = 3.14 \times (1.7 \times 20 + 2.7 \times 28 + 1.0 \times 15 + 6.0 \times 20$$
$$+ 1.6 \times 18 + 5.0 \times 28) + 0.8 \times 400 \times 0.785$$
$$= 1550 \text{kN} \tag{2-9}$$

单桩竖向承载力特征值为：

$$R_a = \frac{1}{2} \times 1550 = 775 \text{kN} \tag{2-10}$$

取桩间土承载力折减系数 $\beta = 0.8$，可得复合地基竖向承载力特征值为：

$$f_{spk} = 0.0721 \times \frac{775}{0.785} + 0.8 \times (1 - 0.0721) \times 100 = 145 \text{kPa}$$
$$\tag{2-11}$$

在承载力计算中，涉及两个经验系数 ξ_P 和 β。由于 PCC 桩直径大，承担的摩擦力较高，属于一般摩擦桩，以桩周土提供摩擦力为主，桩端阻力只相当于单桩承载力的 10% 左右。但只要条件允许，都不宜桩端坐落在土质差的土层上。桩端阻力修正系数，除了与进入持力层厚度、土的性质、桩长和桩径等因素有关外，对于 PCC 桩，一方面由于桩径大，在上部荷载作用下，下端开口的管桩桩内壁具有摩擦力，另一方面，由于桩身长，开口的管桩具有土塞效应现象，两者总有其一在发挥作用。因此，桩端阻力修正系数取 0.65～0.9 之间，桩端土为低压缩性土时取高值，高压缩性土时取低值。桩端土压缩性的判断可按国家标准《建筑地基基础设计规范》（GB 50007）[38] 第 4.2.5 条的规定执行，具体为：

（1）当压缩系数 $a_{1-2} < 0.1\text{MPa}^{-1}$ 时，为低压缩性土；

（2）当压缩系数 $0.1\text{MPa}^{-1} \leqslant a_{1-2} < 0.5\text{MPa}^{-1}$ 时，为中压缩性土；

（3）当压缩系数 $a_{1-2} \geqslant 0.5\text{MPa}^{-1}$ 时，为高压缩性土。

图 2-6 给出了端阻力修正系数对复合地基承载力特征值的影响，复合地基承载力特征值随端阻力修正系数的增加而线性增加。极限端阻力标准值越大，增加的速度越快。图 2-6 中给出了两根不同桩长的桩，对于桩长为 18m 的 PCC 桩，当极限端阻力标准值较小时，桩侧摩阻力在桩承载力中占主要部分，因此修正系数变化对承载力影响不大；对于桩长为 10m 的 PCC 桩且极限端阻力较大时，桩端阻力对承载力的影响更加明显。

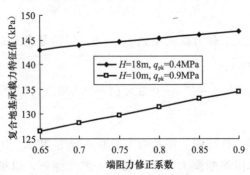

图 2-6 端阻力修正系数对复合地基承载力特征值的影响

对于桩间土承载力折减系数 β,《PCC 桩复合地基规程》建议按地区经验取值,如无经验时可取 $0.75 \sim 0.95$,天然地基承载力高时宜取大值。图 2-7 给出了桩间土承载力折减系数对复合地基承载力特征值的影响。图 2-7 结果表明:复合地基承载力特征值随桩间土承载力折减系数的增加而线性增大,且对于桩长不同的两种工况,增加的速率一致,说明桩间土承载力折减系数对承载力计算值影响较大。

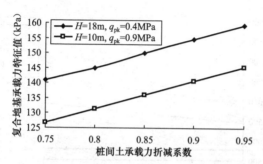

图 2-7　桩间土承载力折减系数对复合地基承载力特征值的影响

2.5　PCC 桩桩身混凝土强度验算

由于 PCC 桩单桩承载力高,但桩身环形净截面积较小,因此桩身中的竖向应力相对较大。PCC 桩属于刚性桩,在设计时需验算 PCC 桩的桩身混凝土强度。《PCC 桩复合地基规程》规定桩身混凝土强度验算应符合下式规定:

$$R_a \leqslant \psi_c A'_p f_c \qquad (2\text{-}12)$$

式中　f_c——混凝土轴心抗压强度设计值(kPa),按现行国家标准《混凝土结构设计规范》GB 50010 的规定取值;

ψ_c——桩工作条件系数,取 $0.6 \sim 0.8$;根据国家标准《建筑地基基础设计规范》GB 50007—2002 的 8.5.9 条制定,对于灌注桩取 $0.6 \sim 0.7$,PCC 桩作为复合地基使用时,工作条件系数适当放宽;

A_p'——桩管壁横截面面积（m^2）。

图 2-8 为桩身混凝土竖向抗压承载力与工作条件系数的关系。图中结果表明：对于一般尺寸的 PCC 桩，用 C15 的混凝土，即使工作条件系数取最低值 0.6，得到的桩身混凝土竖向抗压强度设计值也大于 1400kN，即远大于正常工作条件下 PCC 桩的单桩竖向承载力特征值，因此 PCC 桩作为复合地基使用时，桩身混凝土强度一般都能得到满足。

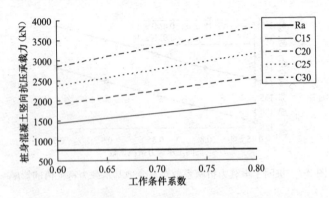

图 2-8　不同工作条件系数的桩身混凝土竖向抗压承载力

2.6　PCC 桩复合地基沉降计算

各种不同的建筑类型对沉降的要求不同。PCC 桩复合地基在高速公路软基处理中应用广泛，对于高速公路，桥头工后沉降需控制在 10cm 以内。PCC 桩复合地基设计需进行沉降的计算，通过沉降来控制设计参数。对于刚性桩复合地基，只要沉降能满足要求，承载力一般也能满足。

1. 加固区沉降计算

《PCC 桩复合地基规程》规定 PCC 桩复合地基的最终沉降量应按下列公式计算：

$$s = s_1 + s_2 \tag{2-13}$$

$$s_1 = \psi_s s_1' = \psi_s \sum_{i=1}^{n} \frac{p_0}{\xi E_{si}} (z_i \bar{a}_i - z_{i-1} \bar{a}_{i-1}) \qquad (2\text{-}14)$$

$$\xi = \frac{f_{spk}}{f_{ak}} \qquad (2\text{-}15)$$

式中　s_1——现浇混凝土大直径管桩处理深度内复合加固层的沉降量（mm）；

　　　s_2——下卧层的沉降量（mm），可采用分层总和法计算，作用在下卧层土体上的荷载应按现行国家标准《建筑地基基础设计规范》GB 50007 的规定计算；

　　　s_1'——按分层总和法计算的复合加固层沉降量（mm）；

　　　ψ_s——沉降计算经验系数，根据地区沉降观测资料及经验确定；无地区经验时可按表 2-3 的规定取用；

　　　p_0——对应于作用的准永久组合时的基础底面处的附加压力（kPa）；

z_i、z_{i-1}——基础底面计算点至第 i 层土、第 $i-1$ 层土底面的距离（m）；

$\bar{a}_i$、$\bar{a}_{i-1}$——基础底面计算点至第 i 层土、第 $i-1$ 层土底面范围内平均附加应力系数，可按现行国家标准《建筑地基基础设计规范》GB 50007 的规定取值；

　　　E_{si}——基础底面下第 i 层天然地基的压缩模量（MPa）；

　　　ξ——基础底面下地基压缩模量提高系数；

　　　f_{ak}——基础底面下天然地基承载力特征值（kPa）；

　　　$\bar{E}_s$——沉降计算深度范围内压缩模量的当量值（MPa）。

沉降计算经验系数 ψ_s　　　　　　　　　　表 2-3

基底附加压力＼$\bar{E}_s$（MPa）	2.5	4.0	7.0	15.0	20.0
$0.75 f_{ak} < p_0 \leqslant f_{ak}$	1.4	1.3	1.0	0.4	0.2
$p_0 \leqslant 0.75 f_{ak}$	1.1	1.0	0.7	0.4	0.2

为了避免平均附加应力系数 $\bar{a}_i$、$\bar{a}_{i-1}$ 查表，对于常用的荷载形式作用下地基应力计算，也可采用弹性理论公式法。根据 Boussinesq 应力解公式，对路堤沉降的计算采用条形基底受竖直均布荷载和三角形分布荷载叠加的形式。

条形基底受竖直均布荷载 p 作用时的附加应力公式为：

$$\sigma_z = \frac{p}{\pi}\left[\arctan\left(\frac{m}{n}\right) - \arctan\left(\frac{m-1}{n}\right) + \frac{m-n}{n^2+m^2} - \frac{n(m-1)}{n^2+(m-1)^2}\right]$$

(2-16)

条形基底受三角形分布荷载 p 作用时的附加应力公式为：

$$\sigma_z = \frac{p}{\pi}\left\{m\left[\arctan\left(\frac{m}{n}\right) - \arctan\left(\frac{m-1}{n}\right)\right] - \frac{n(m-1)}{n^2+(m-1)^2}\right\}$$

(2-17)

式中 $m = \dfrac{x}{b}$，$n = \dfrac{z}{b}$。

盐通高速公路 PCC 桩处理深度内的沉降 s_1 计算算例如下：该高速公路典型断面路基顶宽 $B = 35\text{m}$，路堤填土高度 $H = 6.5\text{m}$，坡度 $1:1.5$，填料的平均密度按 1900kg/m^3 计。加固区土层自上而下分为 6 层，各土层压缩模量见表 2-4。根据土层状况，地基处理方案布置为：设计桩径为 1000mm，壁厚 120mm，混凝土强度为 C15，采用桩间距横向 3.3m、纵向 3.3m，桩长 18m，正方形布置。

各土层压缩模量 表 2-4

土层厚度（m）	压缩模量（MPa）
1.7	5.34
2.7	7.05
1.0	2.06
6.0	5.41
1.6	2.38
5.0	6.77

本算例给出《PCC 桩复合地基规程》的方法与实测结果的

对比。

（1）沉降 s_1 按照式（2-15）计算。

根据现场静载荷试验结果，复合土层压缩模量的提高系数为：

$$\xi = \frac{f_{\text{spk}}}{f_{\text{ak}}} = 1.43 \tag{2-18}$$

计算得到的 $s_1' = 16.1\text{cm}$。

压缩模量当量 $\overline{E}_s = 6.91\text{MPa}$，则 $\psi_s = 0.7$，所以，

$$s_1 = \psi_s s_1' = 11.3\text{cm} \tag{2-19}$$

（2）实测沉降。

根据现场监测[39]，该断面实测沉降如下：根据表面沉降测得的桩顶沉降为 22.0cm、路堤中心（桩间土中心）沉降为 33.1cm，根据分层沉降测得的加固区底部沉降（即下卧层沉降）为 19.0cm，则加固区的沉降量 s_1 在桩顶处为 22.0 － 19.0 ＝ 3.0cm、在桩间土中心为 33.1 － 19.0 ＝ 14.1cm。假设桩间土变形后表面为抛物线形，则取平均沉降为 3.0 ＋（14.1 － 3.0）× 2/3 ＝ 10.4cm。可见实测沉降结果与《PCC 桩复合地基规程》方法的计算结果较为接近。

2. 下卧层沉降计算

下卧层沉降 s_2 的计算同其他刚性桩复合地基，将上部荷载通过应力扩散法换算到下卧层顶面，再采用分层总和法计算下卧层的沉降。计算公式为：

$$s_2 = \sum_{i=1}^{n} \frac{e_{1i} - e_{2i}}{1 + e_{1i}} H_i = \sum_{i=1}^{n} \frac{\alpha_i(p_{2i} - p_{1i})}{1 + e_{1i}} H_i = \sum_{i=1}^{n} \frac{\Delta p_i}{E_{si}} H_i \tag{2-20}$$

式中　　e_{1i}——根据第 i 分层的自重应力平均值 $\dfrac{\sigma_{ci} + \sigma_{c(i-1)}}{2}$（即 p_{1i}）从土的压缩曲线上得到的相应的孔隙比；

　　σ_{ci}，$\sigma_{c(i-1)}$——分别为第 i 分层土层底面处和顶面处的自重应力；

e_{2i}——根据第 i 分层自重应力平均值 $\dfrac{\sigma_{ci}+\sigma_{c(i-1)}}{2}$ 与附加

应力平均值 $\dfrac{\sigma_{zi}+\sigma_{z(i-1)}}{2}$ 之和，（即 p_{2i}）从土的压

缩曲线上得到的相应的孔隙比；

σ_{zi}，$\sigma_{z(i-1)}$——分别为第 i 分层土层底面处和顶面处的附加

应力；

H_i——第 i 分层土的厚度；

α_i——第 i 分层土的压缩系数；

E_{si}——第 i 分层土的压缩模量。

在计算下卧土层压缩量 s_2 时，作用在下卧层上的荷载难以精确计算。结合目前工程中实际情况，PCC 桩复合地基可采用下述两种方法计算。

（1）应力扩散法（图 2-9）

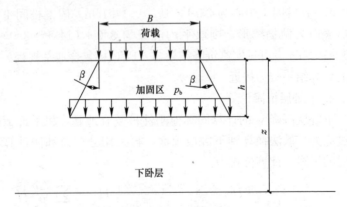

图 2-9 应力扩散法

将复合地基视为双层地基，由加固区土层和下卧层土层组成，复合地基范围内作用荷载 p，通过加固区土层，压力扩散角为 β，作用在下卧层上的荷载 p_b 计算式如下式所示：

$$p_b = \frac{BDp}{(B+2h\tan\beta)(D+2h\tan\beta)} \tag{2-21}$$

式中 B——复合地基上荷载作用宽度；

D——复合地基上荷载作用长度；

h——复合地基加固区厚度。

对平面应变情况，上式可改写为：

$$p_b = \frac{Bp}{(B + 2h\tan\beta)} \qquad (2\text{-}22)$$

（2）等效实体法（图 2-10）

作用在下卧层上的荷载采用等效实体法，即将复合地基加固区视为一等效实体，作用在下卧层上的荷载作用面与作用在复合地基上相同，在等效实体四周作用有侧摩阻力，设其密度为 f，则下卧层上的荷载 P_b 采用下式计算：

$$P_b = P + \Delta G - 2hf \qquad (2\text{-}23)$$

式中 P——作用在复合地基顶面的荷载；

P_b——作用在下卧层上的荷载；

ΔG——桩体的重量（地下水位以下需考虑浮力）；

h——复合地基加固区深度；

f——等效实体侧摩阻力密度。

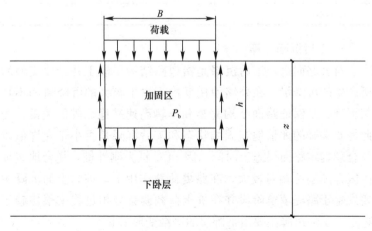

图 2-10 等效实体法

通常，刚性复合地基的置换率比较小，桩土应力比比较高，而 PCC 桩为典型的刚性复合地基。例如疏桩复合地基桩距通常大于 6 倍桩径，复合地基置换率为 2‰左右，桩土应力比介于20～50之间。桩体复合地基中，加固区桩间土的竖向压缩量等于桩体的弹性压缩量和桩刺入下卧层的桩端沉降量之和[40]。对刚性复合地基，刚性桩桩体的弹性压缩量很小，可以忽略，则加固区的桩间土的竖向压缩量等于桩端刺入下卧土层中的桩端沉降量。

地基变形计算深度 z_n 应大于复合土层的厚度，并应符合下列要求[38]：

$$\Delta s_n' \leqslant 0.025 \sum_{i=1}^{n} \Delta s_i' \qquad (2\text{-}24)$$

式中 　$\Delta s_i'$——在计算深度范围内，第 i 层土的计算变形值；

　　　　$\Delta s_n'$——在由计算深度向上取厚度为 Δz 的土层计算变形值，Δz 按表 2-5 取值。如确定的计算深度下部仍有较软弱土层时，应继续计算。

Δz 取值表　　　　　　　　　表 2-5

B（m）	$B \leqslant 2$	$2 < B \leqslant 4$	$4 < B \leqslant 8$	$8 < B$
Δz（m）	0.3	0.6	0.8	1.0

3. 工后沉降计算

对公路而言，工后沉降是指道路结构层竣工并开放交通后所产生的沉降量。在公路使用期内不发生较大的沉降量和不均匀沉降，是保证路面结构完整和车辆高速平稳行驶的关键。为此需要准确的评估地基固结状态和工后沉降是否小于允许值以及合理确定路面层施工时间。因 PCC 桩为刚性桩，复合地基加固区整体刚性相对较大，在路堤荷载作用下，桩间土的沉降主要发生于路堤填筑阶段并在桩土荷载调整分担过程中很快趋于稳定，工后沉降主要由下卧层的固结变形引起。

目前，固结计算仍然依据太沙基的单向固结理论。假定渗

透和压缩变形只在竖向发生，在线性加载条件下土层的平均固
结度为：

$$U = \begin{cases} \dfrac{t}{T} - \dfrac{H^2}{C_v t} \sum_{m=1}^{\infty} \dfrac{2}{M^4} \left[1 - \exp\left(-\dfrac{M^2 C_v t}{H^2} \right) \right] (t \leqslant T) \\ 1 - \dfrac{H^2}{C_v t} \sum_{m=1}^{\infty} \dfrac{2}{M^4} \left[1 - \exp\left(-\dfrac{M^2 C_v T}{H^2} \right) \right] \exp\left[-\dfrac{M^2}{H^2} C_v (t - T) \right] (t > T) \end{cases}$$

$$(2\text{-}25)$$

式中　T——加载历时；

　　　t——加载过程中某一时刻；

　　　$M = 1/2(2m-1)\pi$；

　　　H——最大渗径长度。

　　若荷载是分级施加，对第 i 级荷载可用上式计算，整个加载
过程可由上式叠加求之。对于单向固结，土层的平均固结度也
可用下式表示：

$$U = s_t / s \tag{2-26}$$

式中　s_t——经过时间 t 后的地基固结沉降量；

　　　s——地基的最终固结沉降量。

　　通过上述公式，可以推算某一固结历时 t 的沉降 s_t，即可推
求工后沉降量。

2.7　PCC 桩复合地基稳定性计算

1. 稳定性计算方法

　　刚性桩复合地基的稳定安全系数采用圆弧法进行计算，将
分析区域内的土体分条，复合地基加固区考虑 PCC 桩桩体抗剪
强度的影响。对于梅花形布桩，简化为平面问题分析时，可采
用下式进行等效置换：

$$D = m' \times L \tag{2-27}$$

式中 m'——桩的净截面面积置换率；

D——假定桩沿纵向且连续分布的宽度；

L——假定桩沿纵向且连续分布的间距。

将边坡分条时，桩体的条块宽度按照等效宽度 D 划分。圆弧法计算模型如图 2-11 所示，边坡分成 i 个条块，稳定安全系数计算公式为：

$$F_s = \frac{M_{抗}}{M_{滑}} \qquad (2\text{-}28)$$

式中 $M_{滑}$——滑动力矩；

$M_{抗}$——抗滑力矩。

滑动力矩 $M_{滑}$ 的计算公式为：

$$M_{滑} = \sum_{i=1}^{n} (w_i + b_i p)\sin(\alpha_i)R_0 \qquad (2\text{-}29)$$

式中 w_i——第 i 个条块的自重；

b_i——第 i 个条块的宽度；

p——复合地基顶面的均布荷载；

α_i——第 i 个条块底面的倾角；

R_0——滑动圆弧的半径。

抗滑力矩计算公式为：

$$M_{抗} = M_{RS} + M_{RP} \qquad (2\text{-}30)$$

$$M_{RS} = \sum_{S} [c_i b_i \sec(\alpha_i) + (w_i + b_i p)\cos(\alpha_i)\tan(\varphi_i)]R_0$$

$$\qquad (2\text{-}31)$$

$$M_{RP} = \sum_{P} \tau_c b_i \sec(\alpha_i)R_0 \qquad (2\text{-}32)$$

式中 M_{RS}——所有土体条块提供的抗滑力矩；

M_{RP}——所有桩体条块提供的抗滑力矩；

c_i——土体凝聚力；

φ_i——土体内摩擦角；

τ_c——混凝土抗剪强度，可取 $0.07f_c$。

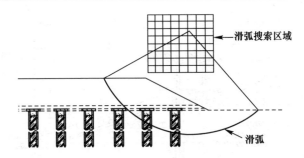

图 2-11 PCC 桩复合地基抗滑稳定计算示意图

2. 计算实例

（1）工程概况

靖江经济开发区新港园区下青龙港港池工程由泊位码头（高桩码头）、码头前沿堆场及防浪墙三个部分组成。该工程（东区）北起下青龙港闸，南至长江边，沿线总长约 900m，宽约 130m。泊位码头共有 9 个 1000t 级泊位，1～3 号为废钢卸船泊位，4～6 号为钢材原料及成品钢材装卸船泊位，7～8 号为煤炭卸船泊位，9 号为焦炭装船泊位；根据港池工程需要，在场地东侧预建一条长约 800m 的防浪墙。拟建区覆盖陆域和水域两大地貌单元，地势起伏较大，孔口标高介于 -3.43～6.86 之间。场地地貌单元为长江三角洲冲积平原，表层填土分布不均匀，长江岸堤主要由人工素填土（粉土、粉质黏土等）及混凝土组成。泊位码头属于高桩码头，工程重要性等级为二级，场地复杂程度等级为二级，地基复杂程度等级为二级；岩土工程勘察等级为乙级。

岸坡采用两排大直径钻孔灌注桩作为抗滑桩，桩顶设置钢筋混凝土空箱挡墙，挡墙后为设计要求 15t 的堆场，采用 PCC 桩复合地基进行处理，抗滑段（宽×长＝15.0m×483.3m）PCC 桩设计采用梅花形布置，间距 2.5m。驳岸断面设计详见图 2-12。

根据野外钻探鉴别、现场原位测试及室内土工试验成果综

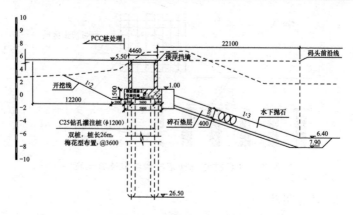

图 2-12　驳岸断面设计图

合分析评价，场地土层为第四系覆盖层，厚度大于 80m，上部为人工填土及漫滩相软黏性土层，下部主要为河床相的稍密—密实的厚层砂性土层，总体为上软下硬的不均匀建筑地基场地。各土层工程性质评价如下：

①层素填土：堤岸外侧为冲填土，该土层物理力学性质不均匀，压缩性高，工程性质差，不宜作为建筑物持力层；

②层淤泥质粉质黏土：属高压缩性，低强度土，工程性质差；

③层粉砂夹粉土：属中等压缩性土，工程性质一般；

③$_{-1}$层粉砂：属中等压缩性土，工程性质一般；

④层粉细砂：属中等压缩性土，工程性质略好；

⑤层粉砂夹粉土：属中等压缩性土，工程性质一般；

⑥层粉细砂：属中等压缩性土，工程性质略好；

⑦层粉土：属中等压缩性土，工程性质一般；

⑧层细砂：属中低压缩性土，工程性质好。

土层的典型地质情况如图 2-13 所示，各土层的物理力学性质指标见表 2-6[41]。

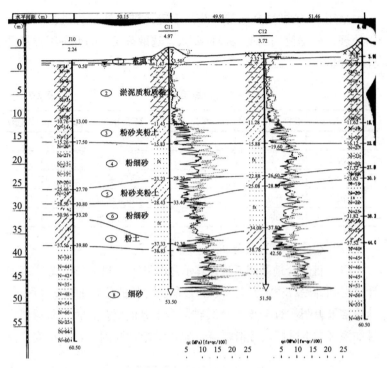

图 2-13　土层地质情况

各土层的物理力学性质指标　　　　　表 2-6

土层名称	含水率 （%）	重度 （kN/m³）	孔隙比	压缩系数 （MPa⁻¹）	c （kPa）	φ （°）
② 淤泥质粉质黏土	38.2	17.4	1.112	0.62	24	0
③ 粉砂夹粉土	30.4	18.0	0.916	0.23	6.4	26.2
③-₁ 粉细砂	28.3	18.1	0.856	0.16	7.2	28.6
④ 粉细砂	27.5	18.3	0.837	0.14	6.6	30.7
⑤ 粉砂夹粉土	31.0	17.8	0.944	0.29	4.9	26.8
⑥ 粉细砂	27.1	18.3	0.832	0.14	6.3	29.8
⑦ 粉土	32.5	17.7	0.984	0.35	4.3	23.4
⑧ 细砂	25.5	18.4	0.787	0.13	5.4	31.6

采用 PCC 桩复合地基对靖江下青龙港港池工程进行软基加固处理，根据使用功能及设计要求，选取表 2-7 的五种工况展开计算分析：

计算工况   表 2-7

计算工况	坡前水位（m）	坡后水位（m）	荷载分布	加固区桩长（m）
工况 1	−1.28	2.0	150kPa 满布	17
工况 2	−1.28	2.0	150kPa 局布	17
工况 3	−0.4	2.5	150kPa 满布	17
工况 4	−0.4	2.5	150kPa 局布	17
工况 5	3.07	4.5	150kPa 满布	17

（2）稳定性计算及分析

PCC 桩复合地基圆弧法计算示意图见图 2-14，采用式（2-29）计算得到的岸坡稳定安全系数和最危险滑弧的位置如表 2-8 所示。计算结果表明：对于通过 PCC 桩复合地基的滑弧，最危险滑弧穿过加固区与下卧层，且滑弧端点通过护岸坡脚附近，最小安全系

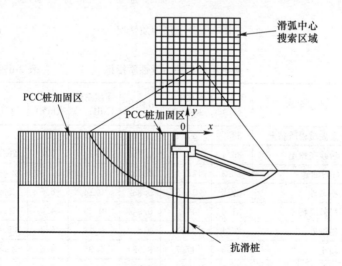

图 2-14　复合地基圆弧法计算示意图

数为 2.09（工况 1）。对于位置较浅、完全穿过加固区的滑弧，由于 PCC 桩加固区具有较大的剪变模量，提高了抗滑力，因此安全系数稍大。对于位置较深、少部分位于加固区、大部分位于下卧层的滑弧，由于弧线较为平缓，因此滑动力矩大大减小，且抗滑力矩随着弧长的增加而增大，其安全系数较大。

为了验证简化方法的合理性，进一步采用有限元强度折减法对该边坡稳定性进行了分析。由于岸坡沿轴向为对称分布，因此可取其中的一段建立有限元模型进行分析。计算建立的有限元模型如图 2-15 所示，计算取模型断面宽 96m、长 10m，地基计算深度为 56m。三维模型的单元划分全部采用六面体，共划分 44798 个节点，41613 个单元。模型中坐标系的原点设在碎石垫层的表面，坐标系的 x 方向为堤岸的横断面方向，y 方向为重力的反方向，z 方向为堤岸的纵向。

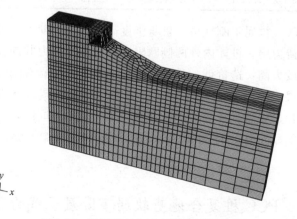

图 2-15　岸坡稳定分析三维有限元网格

表 2-8 给出了简化计算方法计算的滑弧位置和安全系数及与有限元计算结果的比较。有限元计算的安全系数比简化方法计算的结果稍大，原因可能在于：有限元计算采用的三维模型，在一定程度上能反应复合地基和抗滑桩之间土体产生的水平土拱效应，土拱效应的存在能增加复合地基的稳定性；而在

简化计算方法中，将桩体通过置换率转换成平面问题，仅考虑了桩体本身的剪切强度对抗滑稳定的影响，不能考虑桩与桩周土之间的相互作用，模型相对简单，因此计算的安全系数较FEM结果偏小。总体来说，采用简化计算方法和有限元方法得到的安全系数较为吻合，且安全储备均较高，满足岸坡稳定要求。

加固区最危险滑弧位置和安全系数　　　　表 2-8

工况	滑弧圆心坐标	滑弧半径	圆弧法计算安全系数	FEM计算安全系数
工况 1	$X=4.0$，$Y=21.0$	$R=42.0$	2.09	2.16
工况 2	$X=4.0$，$Y=21.0$	$R=42.0$	2.18	2.35
工况 3	$X=4.0$，$Y=21.0$	$R=42.0$	2.12	2.20
工况 4	$X=4.0$，$Y=21.0$	$R=42.0$	2.23	2.53
工况 5	$X=3.3$，$Y=20.8$	$R=41.4$	2.12	2.34

PCC桩属于刚性桩，桩身强度高，处理深度大，可达到较深的持力层。桩体内外两侧摩阻力和桩端端承力共同作用，单桩承载力高，造价低，具有柔性桩的成本，却具有刚性桩的加固效果。采用PCC桩对靖江经济开发区新港园区下青龙港港池工程进行软基加固处理，在有效节省造价的同时，岸坡具有很好的稳定性，且加固区的总沉降量较小，能够满足工程的要求。

2.8　PCC桩复合地基软弱下卧层承载力验算

1. 验算方法

当地基受力层范围内有软弱下卧层时，应按现行国家标准《建筑地基基础设计规范》（GB 50007）[38]的规定验算下卧层承载力。软弱下卧层承载力应满足下式：

$$p_z + p_{cz} \leqslant f_{az} \tag{2-33}$$

式中　p_z——相应于作用的标准组合时，软弱下卧层顶面处的附加应力值；

　　　p_{cz}——软弱下卧层顶面处土的自重应力值；

　　　f_{az}——软弱下卧层顶面处经深度修正后地基承载力特征值。

对条形基础和矩形基础，式（2-34）中的 p_z 值可按下列公式简化计算：

条形基础

$$p_z = \frac{b(p_k - p_c)}{(b + 2z\tan\theta)} \tag{2-34}$$

矩形基础

$$p_z = \frac{lb(p_k - p_c)}{(b + 2z\tan\theta)(l + 2z\tan\theta)} \tag{2-35}$$

式中　b——矩形基础或条形基础底边的宽度；

　　　l——矩形基础底边的长度；

　　　p_c——基础底面处土的自重压力值；

　　　z——基础底面至软弱下卧层顶面的距离；

　　　θ——地基压力扩散线与垂直线的夹角，可按表 2-9 采用。

地基压力扩散角 θ　　　　　　　　　　　　　表 2-9

E_{s1}/E_{s2}	z/b	
	0.25	0.5
3	6°	23°
5	10°	25°
10	20°	30°

注：1. E_{s1} 为上层土压缩模量；E_{s2} 为下层土压缩模量。

　　2. $z/b < 0.25$ 时取 $\theta = 0°$，必要时，宜由试验确定；$z/b > 0.50$ 时 θ 值不变。

根据《建筑地基基础设计规范》（GB 50007）[38]，当基础宽度大于 3m 或埋置深度大于 0.5m 时，从载荷试验或其他原位测试、经验值等方法确定的地基承载力特征值，尚应按下式修正：

$$f_{az} = f_{ak} + \eta_b\gamma(b-3) + \eta_d\gamma_m(d-0.5) \qquad (2\text{-}36)$$

式中 f_{az}——修正后的地基承载力特征值；

f_{ak}——地基承载力特征值；

η_b、η_d——基础宽度和埋置深度的地基承载力修正系数，按基底下土的类别查《建筑地基基础设计规范》（GB 50007）表 5.2.4 取值；

γ——基础底面以下土的重度，地下水位以下取浮重度；

b——基础底面宽度（m），当宽度小于 3m，按 3m 取值；大于 6m，按 6m 取值；

γ_m——基础地面以上土的加权平均重度，地下水位以下取浮重度；

d——基础埋置深度（m），一般自室外地面标高算起。在填方整平地区，可自填土地面标高算起，但填土在上部结构施工后完成时，应从天然地面标高算起；对于地下室，如采用箱型基础或筏基时，基础埋置深度自室外地面标高算起；当采用独立基础或条形基础时，应从室内地面标高算起。

2. 计算实例

假定某高速公路路堤填土高度 5m，填土重度取 $20kN/m^3$，路堤底部宽度 40m，地基土分为两层：第一层为粉质黏土，层厚 20m，地基承载力特征值为 120kPa，压缩模量为 6MPa；第二层为淤泥质黏土，层厚 20m，地基承载力特征值为 100kPa，压缩模量为 2MPa。地下水位与地表齐平，地基土天然重度为 $18kN/m^3$。采用 20m 长度的 PCC 桩进行加固处理，桩底存在软弱下卧层，需要对该软弱下卧层的承载力进行验算。验算步骤如下：

第一步：确定荷载效应组合标准值 p_k

根据《建筑地基基础设计规范》（GB 50007）的规定，荷载效应组合标准值等于永久荷载标准值计算的荷载效应值加上可变荷载标准值计算的荷载效应值。本算例中，路堤填土高度为 5m，车辆荷载简化为 0.9m 高的填土荷载，则总荷载可设为：$p_k = (5.0 + 0.9)\text{m} \times 20\text{kN/m}^3 = 118\text{kPa}$。

第二步：计算软弱下卧层顶面处的附加应力值 p_z

对于高速公路路基，可以看作条形基础，采用式（2-35）计算 p_z。式中 $b = 40\text{m}$，$z = 20\text{m}$，$z/b = 0.5$，$E_{s1}/E_{s2} = 3.0$，则根据表 2-9 可插值得到地基压力扩散角 $\theta = 23°$。基础底面位于地表，则 $p_c = 0$。将这些值代入式（2-34）可得：

$$p_z = \frac{40 \times (118 - 0)}{(40 + 2 \times 20 \times \tan 23°)} = 83\text{kPa} \qquad (2\text{-}37)$$

第三步：计算软弱下卧层顶面处土的自重应力值 p_{cz}

下卧层顶面处土体的自重应力值为：$p_{cz} = (18 - 10)\text{kN/m}^3 \times 20\text{m} = 160\text{kPa}$。

第四步：计算修正后的地基承载力特征值 f_{az}

对于淤泥或淤泥质土，查表可得 $\eta_b = 0$、$\eta_d = 1.0$。按式（2-36）可计算得到：

$$f_{az} = 100 + 1.0 \times (18 - 10)(20 - 0.5) = 256\text{kPa}$$

$$(2\text{-}38)$$

第五步：软弱下卧层承载力验算

通过式（2-34）验算软弱下卧层承载力：$p_z + p_{cz} = 83 + 160 = 243\text{kPa}$，$f_{az} = 256\text{kPa}$，因此软弱下卧层承载力满足 $p_z + p_{cz} \leqslant f_{az}$ 的要求。

第3章 PCC桩复合地基施工

3.1 PCC桩的施工机械和技术原理

PCC桩桩机设备如图3-1和图3-2所示，主要由底盘、支架、振动头、钢质内外套管空腔结构（图3-3）、活瓣桩靴（图3-4）、造浆器（图3-5）、进料口（图3-6）和混凝土分流器（图3-7）等组成。

PCC桩技术采取振动沉模自动排土现场灌注混凝土而成管桩。PCC桩动力设备是振动锤，振动锤的两根轴上各装有一偏心块，由偏心块产生偏心力。当两轴相向同速运转时，横向偏心力抵消，竖向偏心力相加，使振动体系产生垂直往复高频率振动。振动体系具有很高的质量和速度，产生强大的冲击动量，将环形空腔模板迅速沉入地层。腔体模板的沉入速度与振锤的功率大小、振动体系的质量和土层的密度、黏性和粒径等有关。振动体系的竖向往复振动，将腔体模板沉入地层。当激振力 R 大于以下三种阻力之和：刃面的法向力 N 的竖向分力、刃面的摩擦力 F 的竖向分力、腔体模板周边的摩阻力 P 的合力时（见图3-8），模板即能沉入地层；当 R 与 N、F、P 竖向分力平衡时或达到预定深度时，则模板停止下沉。由于腔体模板在振动力作用下使土体受到强迫振动产生局部剪胀破坏或液化破坏，土体内摩擦力急剧降低，阻力减小，提高了腔体模板的沉入速度。同时挤压、振密作用使得环形腔体模板中土芯和周边一定范围内的土体得到密实。PCC桩成桩技术原理为：

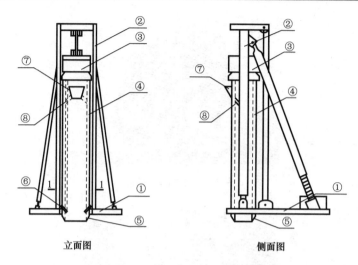

立面图   侧面图

图 3-1 PCC 桩施工设备示意图

设备基本组成：①底盘（含卷扬机等）；②支架；③振动头；④钢质内外套管空腔
沉模结构；⑤活瓣桩靴结构；⑥成模造浆器；⑦进料口；⑧混凝土分流器。

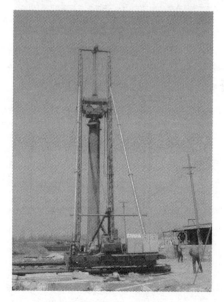

图 3-2 PCC 桩桩机

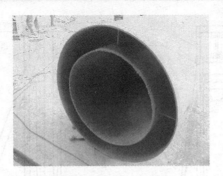

图 3-3　双层内外套管

图 3-4　活瓣桩靴

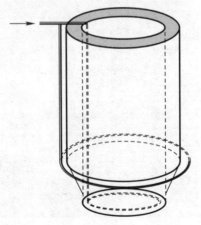

图 3-5　沉模造浆器（桩端）

图 3-6　振动头和进料口

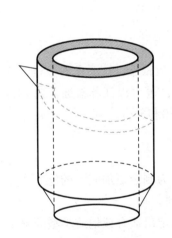

图 3-7　混凝土分流器

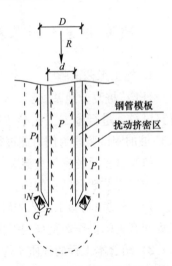

图 3-8　振动沉模时受力示意图

（1）模板作用。在振动力的作用下环形腔体模板沉入土中后，浇筑混凝土；当振动模板提拔时，同时混凝土从环形腔体模板下端注入环形槽孔内，空腹模板起到了护壁作用，因此不会出现缩壁和坍壁现象。从而成为造槽、扩壁、浇筑一次性直接成管桩的新工艺，保证了混凝土在槽孔内良好的充盈性和稳定性；

（2）振捣作用。环形腔体模板在振动提拔时，对模板内及注入槽孔内的混凝土有连续振捣作用，使桩体充分振动密实。同时又使混凝土向两侧挤压，管桩壁厚增加；

（3）挤密作用。振动沉模大直径 PCC 桩在施工过程中由于振动、挤压和排土等原因，可对桩间土起到一定的密实作用。挤压、振密范围与环形腔体模板的厚度及原位土体的性质有关。

在形成复合地基时，为了保证桩与土共同承担荷载，并调整桩与桩间土之间竖向荷载及水平荷载的分担比例以及减少基础底面的应力集中问题，在桩顶设置褥垫层，从而形成 PCC 桩复合地基。

3.2　PCC 桩复合地基施工工法

1. 施工工艺试验

《PCC 桩复合地基规程》规定：应根据设计要求的数量、位置打试桩，进行施工工艺参数试验。著者以江苏盐通高速公路 PCC 桩加固试验段为例对此进行介绍和分析。

（1）试验目的和工程概况

施工工艺研究的目的为：

1）通过现场施工工艺的研究，为制定更加完善的施工作业规程和有关的操作规范规程提供资料；

2）结合本工程的地质条件，制定出适合该地质类型的施工参数；

3）通过施工工艺的研究完善机械设备，为进行标准化施工提供数据；

4）为类似的工程提供施工经验。

PCC 桩试验段选择在盐城-南通高速公路大丰一标大丰南互通主线桥的南北两侧桥头，加固范围为 K30＋740～K30＋898、K31＋509～K31＋600，加固区共长 249m。

该路段位于滨海冲积平原，地势平坦，地面标高 2.9～3.6m。勘察期间揭示钻孔地下稳定水位标高约 1.0m（1985 国家高程基准）。

根据《盐通高速公路工程场址地震基本烈度复核工作报告》，本区地震基本烈度为 Ⅶ 度。基岩埋藏深，第四系厚度在 200m 以上，地表无构造痕迹。管桩加固区钻孔揭示深度内为第四系地层，据钻孔和静探孔资料，结合岩土物理力学试验成果，将各地层分布特征及性质描述如下：

① 粉质黏土（Q_4^{3al-m}）：灰黄色、灰色，可塑。地基容许承载力 $[\sigma_0]=120\sim140kPa$，钻孔灌注桩侧壁极限摩阻力 $\tau_i=30\sim35kPa$。出露地表，层厚 1.2～2.8m，河沟处缺失，河岸处上覆填土而增厚，一般上部 0.3～0.5m 为耕植土。

①₋₂ 淤泥质粉质黏土（Q_4^{3l-m}）：灰色，夹少量粉砂薄层，流塑，高压缩性，为不良地质层。$[\sigma_0]=70\sim90kPa$，$\tau_i=15\sim25kPa$。连续分布，顶面标高 -0.05～1.90m，层厚 6.30～10.50m。

①₋₂ₐ 粉质黏土夹粉砂、亚砂土（Q_4^{3l-m}）：灰色，软塑～流塑，中等压缩性，$[\sigma_0]=80\sim110kPa$，$\tau_i=20\sim30kPa$。断续分布，夹于 1-2 层之中，顶面标高 -1.90～-3.90m，层厚 2.0～4.40m。

③ （粉质）黏土（Q_3^{3al-l}）：褐黄、灰黄色，硬塑～可塑，中等压缩性，含铁锰结核。$[\sigma_0]=220\sim260kPa$，$\tau_i=55\sim65kPa$。稳定分布，顶面标高 -9.70～-10.00m，层厚 1.3～4.8m。

③ₐ 粉质黏土（Q_3^{3al-l}）：灰黄色，可塑～软塑，中等压缩性。$[\sigma_0]=140\sim160kPa$，$\tau_i=40kPa$，局部分布于桥之北端 3 层之下，顶面标高 -11.80～-12.85m，层厚 1.2～2.60m。

③ᵦ 粉质黏土（Q_3^{3al-l}）：灰黄色，软塑，中等压缩性。$[\sigma_0]=140kPa$，$\tau_i=40kPa$，局部分布于桥之中部 3 层之下，顶面标高-

12.30m，层厚 2.50m。

③$_{-1}$ 粉质黏土、亚砂土（Q$_3^{3\,al\cdot m}$）：灰色，夹粉质黏土薄层，饱和（湿），中密～密实。$[\sigma_0]=140\sim200$kPa，$\tau_i=40\sim50$kPa，连续分布，顶面标高－12.40～－15.00m，层厚 7.4～14.20m。

③$_{-2}$ 粉质黏土（Q$_3^{3\,al\cdot m}$）：灰色，夹较多粉砂或与粉砂互层，流塑，中等压缩性。$[\sigma_0]=100\sim160$kPa，$\tau_i=30\sim40$kPa。分布于江界河南侧，顶面标高－21.50～－28.40m，层厚 1.10～6.80m。

③$_{-3}$ 粉砂、亚砂土（Q$_3^{3\,al\cdot m}$）：灰色，饱和（湿）密实～中密。$[\sigma_0]=140\sim220$kPa，$\tau_i=40\sim55$kPa。分布于桥之北段和中段，顶面标高－23.90～－26.70m，厚 4.0～7.40m。

④ （粉质）黏土（Q$_3^{2\,al\cdot l}$）：灰黄色，含砂礓和铁锰结核，硬塑为主，部分可塑，中偏低压缩性，$[\sigma_0]=240\sim300$kPa，$\tau_i=60\sim75$kPa。连续分布，顶面标高－29.9～－31.0m，层厚 5.40～10.50m。

④c 亚砂土（Q$_3^{2\,al\cdot l}$）：部分为粉砂，黄色，灰黄色，湿（饱和），密实，$[\sigma_0]=160\sim180$kPa，$\tau_i=40\sim45$kPa，分布于江界河以南，夹于 4 层之中，顶面标高－34.40～－36.45m，层厚 1.50～4.0m。

④a 粉质黏土（Q$_3^{2\,al\cdot l}$）：灰黄色，灰色，部分夹亚砂土，可塑～软塑，中等压缩性。$[\sigma_0]=150\sim220$kPa，$\tau_i=40\sim55$kPa。断续分布，夹于 4 层之中，层厚 1.90～5.50m。

④$_{-1}$ 亚砂土（Q$_3^{2\,al\cdot m}$）：灰色，灰黄色，部分为粉砂或粉砂夹亚黏土，湿（饱和），密实～中密。$[\sigma_0]=160\sim200$kPa，$\tau_i=40\sim50$kPa。连续分布。顶面标高－40.10～－45.40m，层厚 4.7～11.6m。

④$_{-2}$ 粉质黏土（Q$_3^{1\,al\cdot m}$）：灰色，夹粉砂，可塑，中等压缩性。$[\sigma_0]=200$kPa，$\tau_i=50$kPa。局部分布，层厚 2.90m。

试验区广泛分布的①₋₂层淤泥质粉质黏土，该层为流塑状态，强度低，高压缩性，为不良地质层。该层顶面标高－0.05～1.90m，底面标高－9.70～－10.80m，内夹⑩层软～流塑状，粉质黏土夹粉砂。软土被 1-0 层分隔为上下层，累计层厚 6.30～10.50m。管桩加固区的地质问题主要表现为软土地基问题。图 3-9 为加固区地质剖面图。

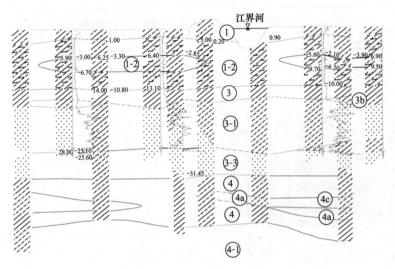

图 3-9　加固区地质剖面图

（2）试验结果分析

1）坍落度对 PCC 桩施工的影响

在灌注桩的施工过程中，坍落度的大小直接影响到成桩后桩身强度，尤其处理含水量较高土层时，宜选择坍落度较小的混凝土。混凝土的坍落度是混凝土灌注时的一个重要的控制指标，而 PCC 桩由于钢模空腔的厚度较小（一般 120mm 左右），且主要针对含水量较高的软弱地基，混凝土的坍落度的控制就显得更为重要。过小的坍落度不利于混凝土在钢模腔内的流动，坍落度过大则振动的影响而易形成离析造成混凝土卡管，如何根据不同的地质条件及不同空腔厚度选择合适的坍落度尤为关键。本次坍落度选择了 30～50mm、50～70mm、70～90mm、90～130mm 四种坍落度进行了试验，在场地边上选择了壁厚度 12cm、10cm 桩径 1.0m 的 9 根桩进行了试验，不同的坍落度试验结果见表 3-1：

混凝土坍落度对施工过程的影响 表 3-1

桩号	里程桩号	坍落度 (mm)	桩径 (mm)	壁厚 (mm)	拔管速度 (m/min)	管内混凝土下落速度 (m/min)	卡管 (次)
A17-8	K31+509～K31+559	30～50	1000	100	1.2	1.7	2
A1-8	K31+509～K31+559	30～50	1000	100	1.2	1.9	2
A17-9	K31+509～K31+559	70～90	1000	100	1.2	1.8	0
A17-10	K31+509～K31+559	50～70	1000	100	1.2	1.8	0
A17-12	K31+559～K31+600	100	1000	120	1.2	2.0	1
A2-10	K31+559～K31+600	100	1000	120	1.2	2.1	0
A2-10	K31+559～K31+600	90	1000	120	1.2	2.1	0
A2-11	K31+559～K31+600	30～50	1000	120	1.2	2.1	1
A16-8	K31+559～K31+600	30～50	1000	120	1.2	2.1	1

由表 3-1 不同坍落度现场试验的结果表明：坍落度过大与过小都不利于桩的成型；坍落度过小在成桩的过程中易造成卡管，从而出现断桩和缩颈，从局部开挖的桩头看出桩壁厚度一边厚一边薄的现象；混凝土的坍落度过大在运输的过程中及振动拔管过程易形成混凝土离析，造成卡管现象，且开挖的桩身

上出现在加料口一侧混凝土的石子多，而另一侧混凝土砂子多的现象；因此《PCC 桩复合地基规程》限定了坍落度的范围为：现场搅拌混凝土坍落度宜为 80～120mm，如采用商品混凝土，非泵送时坍落度宜为 80～120mm，泵送时坍落度宜为 160～200mm。

2）拔管速度的研究

对于沉管灌注桩而言拔管速度必须保证桩身混凝土的用量，防止因拔管速度过快造成缩颈与断桩，以及拔管速度过慢影响施工工效，因而沉管桩的拔管速度一般控制在 1.2m/min 以内。PCC 桩由于受到桩芯土塞的影响，拔管速度的大小对桩身混凝土的影响就更为明显，根据施工经验，速度过快与过慢对施工都不利，本试验工程结合机械设备及施工场地的土层分布特点对拔管速度与停顿位置等进行了研究。拔管速度：设定两种试验拔管速度 1.5m/min 与 1.8m/min，并分别用壁厚 12cm 与 10cm 两种桩进行，工程桩的拔管速度控制在 1.2m/min 左右；停顿的位置与时间：根据土层的分布情况分别选择 6m 以下的亚黏土和 6m 以下的亚砂土，停顿时间设定了 10s、15s 和 20s 三种情况；试验对拔管速度与混凝土的投量及拔管速度与管内混凝土的下落关系进行了测试，表 3-2 为拔管速度与混凝土的投量（充盈系数）的关系，表 3-3 为停顿时间、停顿位置与混凝土的下落量之间的关系。

拔管速度对混凝土用量的影响　　　　　　　　　　表 3-2

桩号	编号	桩径 (mm)	壁厚 (mm)	拔管速度 (m/min)	充盈系数
K31+509～K31+559	A16-8	1000	100	1.5	1.45
K31+509～K31+559	A16-9	1000	100	1.5	1.48
K31+509～K31+559	A3-8	1000	100	1.5	1.45
K31+509～K31+559	A17-9	1000	100	1.5	1.48
K30+808～K30+898	A1-7	1240	120	1.5	1.45

桩号	编号	桩径 （mm）	壁厚 （mm）	拔管速度 （m/min）	充盈系数
K30+808～K30+898	A2-7	1240	120	1.5	1.47
K30+808～K30+898	A3-7	1240	120	1.5	1.49
K30+808～K30+898	A1-17	1240	120	1.8	1.44
K30+808～K30+838	A4-24	1000	120	1.8	1.45
K30+808～K0+838	A11-1	1000	120	1.8	1.46
K30+838～K30+868	A9-22	1000	120	1.8	1.45

停顿对混凝土用量的影响   表 3-3

桩号	停顿深度 （m）	停顿时间 （s）	统计次数 （次）	平均下落混凝 土量（m³）
K30+808～K30+838	4.5～5.0	20	5	0.3
K30+724～K30+808	4.5～5.0	20	5	0.3
K30+724～K30+808	8.5～9.0	15	4	0.2
K30+724～K30+808	9.0～9.5	15	5	0.18
K30+724～K30+808	10.0～11.0	10	4	0.11

通过对上述两种试验结果的分析，可得出如下结论：

a）拔管速度对充盈系数的影响较小，在一定的范围内拔管速度对混凝土的用量并无明显影响。

b）停顿对混凝土用量的影响研究表明，时间 10s 以上时其混凝土用量急剧增大，尤其是在 5m 深度以上，由于土层对沉管振动的阻力大幅降低且土体的自重对管中混凝土的压力大幅度减小，在此位置之上停顿时极易导致沉管中心的土芯上升，从而加大混凝土的用量。

3）充盈系数的研究

本试验工程管桩的充盈系数统计表明桩的充盈系数一般在 1.5～1.6 之间，充盈系数远大于其他类型的桩，从理论上分析，PCC 桩的混凝土用圆环的厚度作为理论计算量，其壁厚的微小增加将导致混凝土的用量增大很多。其次，因为壁的厚度内缩外扩，PCC 桩比普通桩增加了扩大的空间，其用量也相应增加。

因此 PCC 桩的充盈系数应比一般的实心桩要大。从试验结果分析 PCC 桩的充盈系数主要受以下因素的影响：

　　a）桩的直径和壁厚，桩外径越大壁厚越薄充盈系数越大，反之亦然；

　　b）土层的性质，土层的孔隙率越大含水量越高则充盈系数越大，反之则越小；

　　c）桩芯土的高度，根据现场情况桩芯土塞上升是由于混凝土的振动挤压而造成的，因此桩芯土越高其混凝土的用量越大；

　　d）拔管速度，拔管速度的快慢对混凝土的用量有一定的影响尤其对饱和的亚黏土影响较大，对强度较高的土层拔管速度的影响较小；

　　e）停顿的次数和时间的长短，停顿的时间越长充盈系数增加越明显，在上部 6m 以内的土层中振动停拔大于 20s 时，桩芯土塞上升增大明显混凝土用量增大；

　　f）其他，加料过程的浪费和桩顶混凝土量的多余量控制，可考虑采用下列公式计算实际的混凝土用量：

$$V = \delta_1 V_0 + \delta_2 V_0 + 0.15 V_1 + V_2 \tag{3-1}$$

式中　V——实际混凝土的用量；

　　　V_0——理论混凝土的用量；

　　　V_1——桩芯土高出地面的体积；

　　　V_2——加料时的浪费量与冒出桩头的混凝土量；

δ_1、δ_2——由土层充盈系数决定的参数；

　　δ_1 的取值：

　　可塑～硬塑的黏质粉土、黏土孔隙比 $e < 0.75$　　$\delta_1 = 1.05 \sim 1.10$；

　　软塑的黏质粉土、黏土　$\delta_1 = 1.15 \sim 1.20$；

　　流塑的淤泥质黏质粉土　$\delta_1 = 1.3 \sim 1.35$；

　　饱和中密的软黏质粉土　$\delta_1 = 1.25 \sim 1.30$。

　　δ_2 为拔管速度与停振次数的充盈系数，停振的时间以大于

10s 计算一次，每一次增加 0.05，全桩的充盈系数可以用土层厚度的加数平均值进行计算。

4）施打顺序的研究

在以前的工程中管桩施工顺序的确定主要考虑的是保证施工的便利性，很少对管桩施工对邻桩的影响进行考虑，本试验工程在施工组织设计中计划按沿垂直路轴线方向左右平移进行施打，后为满足科研要求对施打的顺序作了调整，图 3-10、图 3-11 是本工程部分区段的施打顺序示意图。

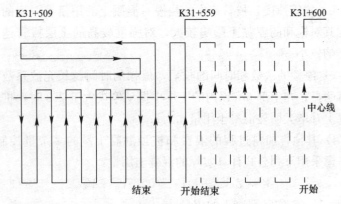

图 3-10　1 号桩机施打顺序示意图

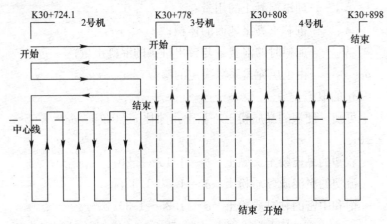

图 3-11　2、3、4 号桩机施打顺序示意图

56

上述不同施工顺序在施工中出现了如下现象：如图 3-10 所示，1 号桩机的施工按单一的施工顺序进行，以同一方向逐步前进，周围无其他的桩机施工，施工中没有出现场地局部冒水等不良现象。后调整施工顺序，1 号机采用图 3-11 的施工顺序，先在场地的三面打桩，留下一面缺口，再由四周逐步向中心逼近，在施工至中心场地 15m 左右间距时，施工区场地共下陷约 0.1~0.15m，中心区局部场地产生了冒水现象。采用图 3-11 的施工顺序，2 号、3 号、4 号桩机同时在三块场地施工，结果 3 号桩机在施工至剩余 3 排桩时出现了地下水流出的现象，未见地面沉陷。

从以上情况看最有利的施工顺序应以图 3-10 的为最好，即沿一面逐步向前推进的顺序；图 3-11 为最差，即从四周向中心包围的顺序。因此，PCC 桩的施工顺序宜按照以下规则进行：

A. 如桩数布置较密集且离建（构）筑物较远，施工场地较开阔，宜从中间向外进行；

B. 如桩数布置较密集且场地较长，宜从中间向两端进行；

C. 若桩较密集且一侧靠近建（构）筑物，宜从靠建（构）筑物一边由近向远进行；

D. 在进行较密集的群桩施工中，为减少桩的挤土现象，可采用控制打桩速率、优选打桩顺序等措施；

E. 根据桩的长短，宜先长后短；根据桩径大小，宜先大后小；

F. 靠近边坡的地段，应从靠边坡向远离边坡方向进行。在边坡坡肩施工应采取可靠的防护措施，防止边坡失稳，保证机械的施工安全。

通过本次工艺性试验得出的结论为：（1）施工中应充分考虑到施打顺序的可能影响，一般的顺序也应以从中心向周边扩展的方式为宜，对本工程这种 10m 以内有饱和砂性的地层，施工时应留有 3 个方向的孔隙水排水通道。（2）拔管速度可以通过现场试桩获得，在土层分界面附近应适当停顿。（3）振动停拔是防止土层交界面处断桩缩颈的有效方法，停止时间大于 20s 时会造成混凝土向内挤压桩芯土而形成实心桩增大了桩的混凝土用量，但利用好这一点可在桩端部加长停振时间，造成混凝土封底与扩大头，若在桩身中部多停顿数次并延长每一次的时间还可形成"竹节桩"进一步提高单桩的承载力。

2. 施工流程

PCC 桩施工工艺流程见图 3-12 和图 3-13。PCC 桩施工流程主要包括：场地平整、桩机就位（图 3-14）、振动沉管、灌注混凝土、振动上拔成桩等。成桩后，开挖 500mm 桩芯土（图 3-15），回灌混凝土形成盖板（图 3-16、图 3-17），铺设加筋垫层形成复合地基（图 3-18）。

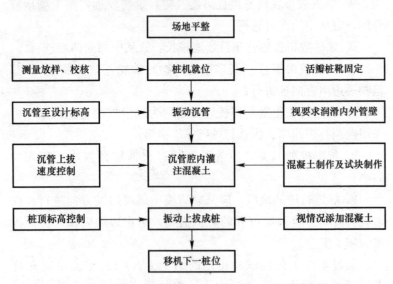

图 3-12　PCC 桩施工工艺流程框图

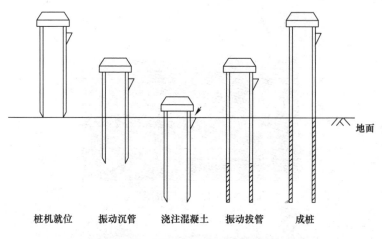

桩机就位　　振动沉管　　浇注混凝土　　振动拔管　　成桩

图 3-13　PCC 桩施工流程示意图

图 3-14　桩基就位

图 3-15　开挖桩头

图 3-16　浇筑盖板

图 3-17　盖板成型

图 3-18　铺设垫层

3. 施工技术要求

（1）PCC桩成孔应符合下列规定：

①沉管时应保证机架底盘水平、机架垂直，垂直度允许偏差应为1‰；②在打桩过程中如发现有地下障碍物应及时清除；③在淤泥质土及地下水丰富区域施工时，第一次沉管至设计标高后应测量管腔孔底有无地下水或泥浆进入；如有地下水或泥浆进入，则在每次沉管前应先在管腔内灌入高度不小于1m的、与桩身同强度的混凝土，应防止沉管过程中地下水或泥浆进入管腔内；④沉管桩靴宜采用活瓣式，且成孔器与桩靴应密封；⑤应严格控制沉管最后30s的电流、电压值，其值应根据试桩参数确定；⑥沉管管壁上应有明显的长度标记；⑦沉管下沉速

度不应大于 2m/min。

（2）PCC 桩终止成孔的控制应符合下列规定：

①桩端位于坚硬、硬塑的黏性土、砾石土、中密以上的砂土或风化岩等土层时，应以贯入度控制为主，桩端设计标高控制为辅；②桩端位于软土层时，应以桩端设计标高控制为主；③桩端标高未达到设计要求时，应连续激振 3 阵，每阵持续 1min，并应根据其平均贯入度大小确定。

（3）桩身混凝土灌注应符合下列规定：

①沉管至设计标高后应及时浇灌混凝土，应尽量缩短间歇时间。②混凝土制作、用料标准应符合国家现行有关标准的要求。混凝土施工配合比应由试验室根据试验确定。现场搅拌混凝土坍落度宜为 80～120mm，如采用商品混凝土，非泵送时坍落度宜为 80～120mm，泵送时坍落度宜为 160～200mm。③混凝土灌注应连续进行，实际灌注量的充盈系数不应小于 1.1。④混凝土灌注高度应高于桩顶设计标高 500mm。

（4）振动上拔成桩应符合下列规定：

①为保证桩顶及其下部混凝土强度，在软弱土层内的拔管速度宜为（0.6～0.8）m/min；在松散或稍密砂土层内宜为（1.0～1.2)m/min；在软硬交替处，拔管速度不宜大于 1.0m/min，并在该位置停拔留振 10s；②管腔内灌满混凝土后，应先振动 10s，再开始拔管。应边振边拔，每拔 1m 应停拔并振动 5～10s，如此反复，直至沉管全部拔出；③在拔管过程中应根据土层的实际情况二次添加混凝土，以满足桩顶混凝土标高要求；④距离桩顶 5.0m 时宜一次性成桩，不宜停拔。

3.3 PCC 桩复合地基的施工改进技术

随着 PCC 桩在沿海和内地湖泊地区的推广应用，由于各地地质情况的差异及不同工程对 PCC 桩承载性能的不同要求，在工程应用中遇到了一些问题，这些问题需要进一步对施工工艺进行改进，以满足工程要求。

1. PCC 桩桩芯土上升的处理技术开发

（1）研发背景

PCC 桩虽在高速公路、高速铁路等工程成功应用，但不同工程的地质条件千差万别，PCC 桩在施工过程中可能存在桩芯土上升的问题。当设计壁厚较大时，PCC 桩的桩芯土直径（内直径）较小，因此在打桩过程中桩芯土易发生土塞。此外，由于土体黏性差、有回填土等原因容易造成桩芯土上部（0～2m）随桩模内管带出，这样造成很多危害：桩芯土带出部分的空腔将由混凝土填实，浪费了材料；桩芯土由混凝土置换，部分地方将出现实心桩，不利于桩芯土开挖进行桩身质量检测；桩芯土被混凝土隔断，使得上部桩芯更加不稳定，容易倾斜，造成上部桩壁厚薄不均；桩芯土的上升致使施工中必须处理高出地表的桩芯土，使得施工更费时。图 3-19 是现场施工被带出的桩芯土。鉴于 PCC 桩桩芯土被带出的问题，著者研发了一种防止 PCC 桩桩芯土上升的处理方法，已获得国家发明专利（ZL200910183523.3）[11]。

图 3-19　PCC 桩被带出的桩芯土

（2）研发内容

防止 PCC 桩桩芯土上升的方法包括：

1）在桩模内管中设置上下自由移动的圆柱形重物，圆柱形重物主要依靠其自身重量压在桩芯土表面，可有效阻止桩芯土的上升。圆柱形重物为预制混凝土实心圆柱体，或圆柱形铁桶，内装重物如铁块、石块或砂，或在其中注水。优选的方法是圆柱形重物上安装一组滚轮，滚轮与桩模内管接触，这样圆柱形重物与内管之间能上下自由滑动；

2）增加桩模桩尖处内管的长度，使内管长度超出活瓣桩靴。桩尖处内管超出活瓣桩靴的长度为 500～800mm。增加桩头处内管的长度，使得内管超出活瓣部分，可以减少桩芯土底部向上的土压力，也就减小了使桩芯土上升的作用力；

3）在桩模内管内壁底部安装喷水装置。喷水装置由连通的引水管和喷管组成，引水管接高压水源，喷管为其上分布喷水孔的空心钢管。喷水装置的引水管位于桩模内管内壁，上端与高压水源连接，下端与喷管连接；喷管呈圆形紧贴在桩模内管内壁上，并位于桩模内管内壁底部，由空心钢管制成，在钢管管壁上下各均匀分布有一组喷水孔，使水能自由喷出。在桩模内管内壁上，喷管上、下都设置一组锯齿，在桩模上下运动时锯齿能切割桩芯土。将锯齿设于喷水孔正上方和正下方，在喷管喷水形成泥浆时，锯齿还起到保护喷管的作用。同时，在桩模完全拔出时能卡住圆柱形重物，使圆柱形重物不会从桩模内管滑落。

如图 3-20 和图 3-21 所示，圆柱形重物位于桩模内管内部，其直径略小于桩模内管的内径，圆柱形重物的外壁有滚轮与内管内壁接触，以使圆柱形重物能在桩模内管中上、下自由滑动。圆柱形重物可为预制混凝土实心圆柱，也可以采用空心圆柱形铁桶里面注水形成，其高度可为 1.5～2m。滚轮位于圆柱形重物的外壁上部和下部，上下各四个对称分布。

引水管焊接在桩模内管的内壁，由空心钢管制成，上端与高压水源连接，下端与喷管连接。喷管为圆形紧贴桩模内管，焊接在桩尖处内管内侧，也由空心圆管制成，圆管上下各开有16 个喷水孔（见图 3-22），让水能自由喷出。

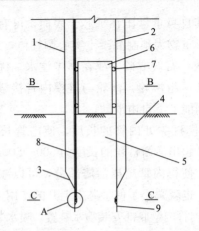

图 3-20　PCC 桩桩芯土上升处理技术原理图

1—外管；2—内管；3—活瓣桩靴；4—地基；5—桩芯土；
6—圆柱形重物；7—滚轮；8—引水管；9—桩尖处

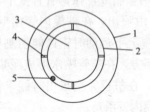

图 3-21　B-B 位置剖面图

1—外管；2—内管；3—圆柱形
重物；4—滚轮；5—引水管

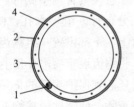

图 3-22　C-C 位置剖面图

1—引水管；2—桩尖处；
3—喷管；4—喷水孔

在桩模内管内壁上，喷管上、下都设置了锯齿（如图 3-23 所示），锯齿位于喷水孔正上方和正下方，上下各 16 个。桩尖处内管比活瓣桩靴长出 500～800mm，可有效降低桩芯土底部向上的土压力。

PCC 桩施工时，将外管、内管双层套管结构的桩模在活瓣桩靴的保护下，沉入地基，沉管时启动高压喷水装置，让喷管通过喷水孔喷水，使得桩芯土外壁湿润，形成泥浆护壁，以减少摩擦。在打桩及其后的拔管过程中，圆柱形重物始终压在桩芯土上，用以压制桩芯土。

在桩模上下运动时锯齿切割桩芯土外表面，同时喷管通过喷水孔喷水形成泥浆，锯齿还起到保护喷管的作用，同时在桩模完全拔出时能卡住圆柱形重物，使圆柱形重物不至于从桩模内管滑落。

（3）技术优点

该方法具有以下优点和效果：在桩模内管安装四周带有滚轮的圆柱形重物，圆柱形重物压在桩芯土表面，可有效阻止桩

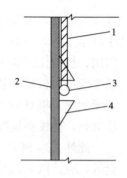

图 3-23　A 位置局
部放大图
1—引水管；2—桩尖处；
3—喷管；4—锯齿

芯土的上升；在桩模内管内壁底部安装一个喷水装置，并设置了锯齿，桩芯土外表面在打桩过程中会被管底内部锯齿突出部分划破，同时喷管喷水，这样在桩芯土外表面会形成泥浆，泥浆会有效降低桩芯土与内管的摩擦系数，从而减小桩芯土受到的侧摩阻力，减小了使桩芯土上升的作用力；增加桩头处内管的长度，使得内管超出活瓣部分的长度增加，这样可以减少桩芯土底部向上的土压力，也减小了使桩芯土上升的作用力；防止桩芯土上升的装置结构简单，易于实现，操作简便，成本低廉，能有效防止桩芯土上升，是一种 PCC 桩施工中高效实用的方法。

2. 超长 PCC 桩技术开发

（1）研发背景

现有 PCC 桩施工机具高度一般为 23～28m，桩模为整根钢管，无接头。由于桩模长度不能超过施工机具的高度，因此地基处理深度仅为 20～25m。在实际工程中，会遇到桩模沉管大于 25m 的超长桩的问题。在上部结构荷载较大、软弱土层较为深厚、沉降变形要求严格等情况下，较短的桩长往往不能满足

设计的需要。因此需要增加桩长，以达到增大桩基承载力和减小桩基沉降的目的。而常规 PCC 桩桩长限制了 PCC 桩这种经济实用、性价比优越的桩型的推广应用。要增加 PCC 桩的桩长，就必须增大桩模的长度。考虑到施工机具自身的稳定性，不宜再增加施工机具的高度，考虑到运输方便，单根桩模长度也不能太长，桩模必须控制在 28m 以下。

此外，当 PCC 桩施工场地上方有障碍物（如高压电线、桥梁等）时，PCC 桩施工机具的净空不够，因此需要降低施工机具高度以下穿障碍物，只有采用多根桩模连接才能达到设计桩长。

现有技术中通过接长桩模的方法来增加施工的桩长的方法尚无法用于 PCC 桩，由于 PCC 桩桩模存在内外两层套管，桩模连接时必须考虑内外两层套管都要连接，而内管连接时被外管挡住，没有可操作的空间，因此传统的连接方法不适用于超长 PCC 桩的连接。为了克服以上不足，著者研发了一种 PCC 桩的桩模连接段及其连接方法，能够使 PCC 桩可施工的桩长大大增加，且克服施工场地上方有障碍物的限制。目前该方法已获得国家发明专利（ZL200910183526.7 和 ZL201110152070.5）[12,44]。

（2）研发内容

所研发的超长 PCC 桩桩模双层套管连接段，包括至少两个可拆分的连接段，连接段包括内管和外管，内管的长度大于外管长度。在相互连接的两个内管上分别固定有螺栓，一内管连接板穿过所述的螺栓与两个内管连接；在相互连接的两个外管上也分别固定有螺栓，一外管连接板穿过所述的螺栓与两个外管连接；在内管和外管端部均设置有密封圈；在两个相互连接的内管连接端上设置有适配的对中结构。对中结构为定位凸起和定位凹槽，其中定位凸起设置在一个内管上，定位凹槽设置在另一个内管上。

超长 PCC 桩桩模双层套管连接段的连接方法（图 3-24）采用以下技术步骤实现：

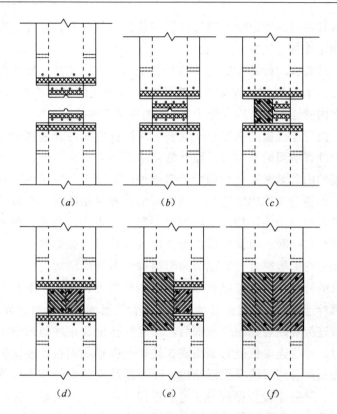

图 3-24 超长 PCC 桩桩模连接操作步骤示意图

(a) 为桩模就位；(b) 为内管对齐；(c) 为安装第一块内管连接板；(d) 为安装其余内管连接板；(e) 为安装第一块外管连接板；(f) 为安装其余外管连接板

　　1）将上、下两段双层套管桩模结构在桩位对齐，桩模内管长度长于外管，内外管端部都带有固定螺栓，并设置密封圈；

　　2）将上段桩模下沉，直到上、下两段桩模的内管紧密贴合在一起，上、下两段桩模的内管设置的对中点对齐；

　　3）将带有螺栓孔的内管连接板安装在内管连接端部，使内管端部带有的固定螺栓穿过内管连接板的螺栓孔，并拧上螺帽以固定内管连接板；

　　4）将带有螺栓孔的外管连接板安装在外管连接端部，使外管端部带有的固定螺栓穿过外管连接板的螺栓孔，并拧上螺帽以固定外管连接板。

该装置的拆卸步骤与安装步骤正好相反，包括先松开外管连接板上的螺帽、拆除外管连接板、再松开内管连接板螺帽、拆除内管连接板、然后分开上、下两段桩模等技术步骤。

内管连接板的高度小于上、下两段桩模的内管紧密贴合后两个外管端面的高度差；而外管连接板的高度大于上、下两段桩模的内管紧密贴合后两个外管端面的高度差。桩模内、外套管采用横向支撑固定连接。内管端部设置对中结构，上段桩模内管对中点为一凹槽，下段桩模内管对中点为一凸起，两者正好贴合在一起。内管连接板为 3 块或 3 块以上弧形曲面板，多块弧形曲面板拼合后形成圆筒形结构，圆筒形结构的内径等于内管的外径。内管连接板厚度等于内管壁厚，在上、下两端设置螺栓连接孔，连接孔总数量等于内管端部固定螺栓的总数量。内管连接板贴合到内管端部后，其螺栓孔位置正好与固定螺栓对应。外管连接板也为 3 块或 3 块以上弧形曲面板，多块弧形曲面板拼合后形成圆筒形结构，圆筒形结构的内径等于外管的外径。外管连接板厚度等于外管壁厚，在上、下两端设置螺栓连接孔，连接孔总数量等于外管端部固定螺栓的总数量。外管连接板贴合到内管端部后，其螺栓孔位置正好与固定螺栓对应。

（3）技术优点

该改进技术克服了施工机具高度的限制，通过各段桩模连接，使 PCC 桩可施工的桩长大大增加，从而实现超长 PCC 桩施工。由于桩模中间段可拆卸，因此可适应不同桩长的需要，且方便运输。本发明还解决了施工中遇到障碍物时桩机净空不够的问题，采用较矮的桩机通过多段桩模连接可施工较长的 PCC 桩，达到设计要求。外管长度比内管短，给内管连接板的安装留出了操作的空间，构思巧妙。在内、外管的端部均设置密封圈，密封圈的设置可防止打桩时地下水进入管腔，保证了成桩质量；采用外管连接段的壁厚与桩模外管相等，不需要设置 3～5 倍壁厚的加强段，因此减少了土体扰动范围和成孔直径，从而减小混凝土充盈系数，减少不必要的混凝土浪费；连接螺栓固定在桩模内、外管，因此连接时不需要拆卸，使操作更加方便；在桩模内管设置了对中点，方便上、下两段桩模对齐，从而保证上、下的螺栓对齐，以便安装连接板。本发明技术简单可行、操作方便，有效解决了超长桩桩模的连接问题，实用性强。

3. 钢筋混凝土 PCC 桩的施工方法

（1）研发背景

PCC 桩（ZL02112538.4 和 ZL01273182.X）[3,4] 采用振动方式将钢质内外双层套管空腔结构在闭合的活瓣桩靴保护下，沉入地基设计深度。通过混凝土分流器向该结构空腔中均匀注入混凝土，然后振动拔出该空腔结构。活瓣桩靴在该空腔结构拔出时自动分开，混凝土注入空腔结构拔出后形成的环形槽内，形成现浇混凝土大直径管桩。PCC 桩以较少的混凝土用量得到较大的承载力，因此是一种经济合理、性价比优越的桩型。但该桩为没有加钢筋笼的素混凝土桩，由于桩模内管和外管之间设置了固定支撑，以固定内管和外管的位置，因此不能直接下放钢筋笼。为了克服以上不足，著者研发了钢筋混凝土 PCC 桩的施工方法，该方法已获得国家发明专利（ZL201110165215.5）[45]。

（2）研发内容

现浇钢筋混凝土大直径管桩施工方法（图 3-25）采用以下技术步骤实现：

1）PCC 桩桩机就位。桩模沉入地基前，内支撑下垂，活瓣打开；

2）将活动内支撑转动到水平位置，贴近限位器，再将活瓣桩尖闭合。限位器限制了内支撑向上运动，活瓣闭合后限制了内支撑向下运动，从而使内支撑固定在内管和外管之间；

3）将桩模缓慢沉入地基，这时活瓣外侧受到土压力的作

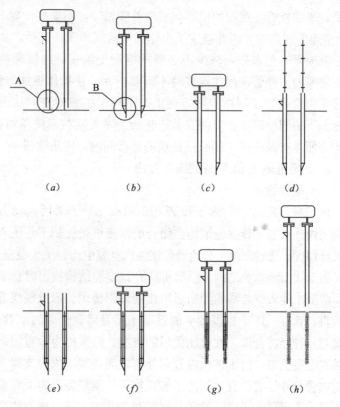

图 3-25　钢筋混凝土桩施工步骤示意图

(a) 为桩机就位；(b) 为桩尖闭合；(c) 为沉桩模；(d) 为移开振动头，

准备下放钢筋笼；(e) 为钢筋笼下放到桩底；(f) 为再次装上振动头；

(g) 为灌注混凝土，振动拔管；(h) 为桩模完全拔出，桩形成

用，自然闭合紧密。桩模沉入过程中活动内支撑保证了桩模内管和外管之间形成的腔体均匀；

4）待桩模沉入地基设计深度，移开振动头，准备下放钢筋笼；

5）借助机架上的吊绳将钢筋笼吊起后，缓慢下放，使钢筋笼进入内管和外管之间的空腔，直到钢筋笼下放到桩底。钢筋笼上面的横向支撑钢筋支撑住内管和外管，保证内管和外管形

成均匀的环形腔体;

6）重新装上振动头;

7）通过进料口向管腔内灌注混凝土，边振动边拔管，同时钢筋笼上面的横向支撑钢筋支撑内管和外管，保证环形空腔均匀。拔管开始后，内支撑和活瓣桩尖在自重和混凝土压力下打开，这时混凝土和钢筋笼可顺利通过桩尖，进入地基中;

8）将桩模完全拔出，形成钢筋混凝土大直径管桩。

上述限位器位于外管下端内侧，为一三角形钢板焊接在外管上。限位器伸出内管 10～15mm。活动内支撑通过转轴与内管相连，可绕轴上下转动。当转动到水平位置时，正好支撑柱内、外管。活动内支撑的长度等于桩模内、外管之间的净距离。活动内支撑可沿桩模环形腔体均匀设置 3 个或 3 个以上。活动内支撑转轴位置与外管端部齐平，活动内支撑转到水平位置时端

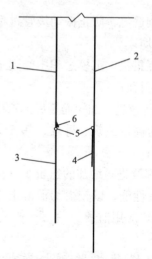

图 3-26　钢筋混凝土桩
桩尖打开示意图

1—为外管; 2—为内管; 3—为
活瓣桩尖; 4—为活动内支撑;
5—为活动轴; 6—为限位器

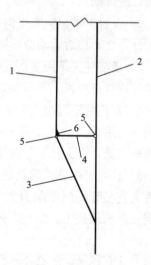

图 3-27　钢筋混凝土桩
桩尖闭合示意图

1—为外管; 2—为内管; 3—为
活瓣桩尖; 4—为活动内支撑;
5—为活动轴; 6—为限位器

部正好对准外管端部。限位器和活动内支撑位置正好对应、个数相等，且沿桩模均匀设置 3 个或 3 个以上。振动头与桩模之间通过活动法兰盘连接，可拆卸。钢筋笼由纵向钢筋、箍筋和横向支撑钢筋组成。横向支撑钢筋焊接在纵向钢筋上。横向支撑钢筋的长度可调，可与混凝土保护层厚度对应。横向支撑钢筋两端设置半圆形弯头，防止下放钢筋笼时卡住。横向支撑钢筋在钢筋笼每个横向截面上设置 3 根或 3 根以上，沿纵向每 3～5m 设置一组。

（3）技术优点

该改进技术具有以下优点：

1）采用了活瓣桩尖，并巧妙地设置活动内支撑，有效解决了钢筋混凝土 PCC 桩施工的问题，活瓣桩尖和内支撑都可重复使用，造价低；

2）设置了带横向支撑钢筋的钢筋笼，防止振动拔管过程中内、外管之间相对运动造成壁厚不均；

3）活瓣桩尖采用多块活瓣相互搭接，沉模过程中受到土压力的作用越挤越紧，具有较好的密封性；

4）对传统素混凝土 PCC 桩进行改进，加钢筋笼后大直径管桩的水平承载力大大提高，可作为高层建筑、桥梁、基坑支护等的桩基础，大大拓展了应用范围；

5）仅对桩模施工机具进行局部改进，增加的造价少，仍能发挥大直径管桩侧摩阻力大的承载性能，以较少的混凝土用量得到较高的承载力，具有广阔的推广应用前景。

3.4　PCC 桩复合地基的现场施工监测与监控

1. 监测内容

路堤下 PCC 桩复合地基加固软基的监测内容一般包括：表面沉降、表面水平位移、深层沉降、深层水平位移、剖面沉降、土压力、孔隙水压力、地下水位等方面：

（1）土压力监测——了解复合地基中 PCC 桩和桩间土上的荷载分担情况；

（2）表面沉降监测——了解在路堤荷载作用下 PCC 桩和桩间土的沉降情况；

（3）分层沉降监测——了解处理后地基不同深度处的沉降，分析路基土体的固结变形情况；

（4）孔隙水压力试验——了解在路堤荷载作用下路基土体孔隙水压力在 PCC 桩加固区的变化情况；

（5）深层水平位移监测——了解随着路堤填土的加高，路基不同深度土体水平位移情况；

根据上述监测内容，观测工作所需的观测仪器和元件有：土压力计、沉降板、分层沉降仪、孔隙水压力计、测斜仪等。

2. 仪器的布置

本节以盐通高速公路 PCC 桩试验段 K30＋794.5 监测断面为例进行分析，该断面监测包括表面沉降、分层沉降、深层水平位移、土压力、孔隙水压力等监测内容。表面沉降监测每断面布置 4 个表面沉降板，路堤中心线上的桩顶布置 1 个，与其紧邻的桩间土上布置一个，另外 2 个布置在路肩内侧第一排桩的桩间土上；土压力计每断面埋设 9 个，路堤中心线的桩芯土塞上埋设 1 个，该桩的封顶混凝土上在对称位置埋设 2 个，该桩周围的桩间土上埋设 6 个，桩芯土塞上的土压力计在桩封顶前布置并用 PVC 管将测量线从桩侧引出。每断面在路基中心线附近布置 1 个分层沉降孔，每 2m 设置 1 个沉降观测磁环；深层水平位移监测布置 5 个断面，每断面在路堤坡角外 1～2m 位置布置 1 个测斜孔，孔深 25m；孔隙水压力计布置 2 个监测断面，每断面布置 3 只孔隙水压力计，布置位置在路堤中心线附近，埋设深度分别为 4m、13m、20m；各监测仪器的具体布置见图 3-28。

现浇混凝土大直径管桩复合地基设计与施工

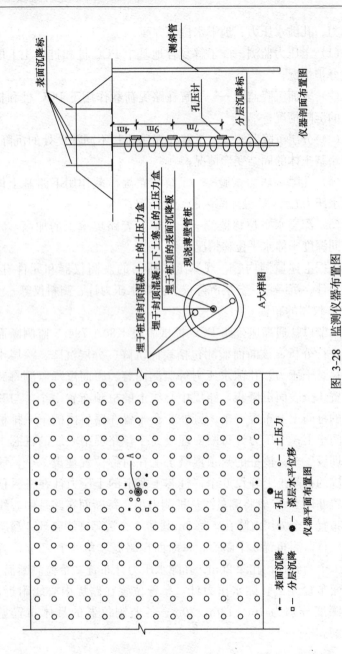

图 3-28　监测仪器布置图

74

3. 监测方法

(1) 表面沉降观测

表面沉降观测按四等水准要求进行测量，并定期校正基准点的高程，随着填土高度的增加应逐步将沉降观测标杆接长，同时要保证标杆顶部在路堤填土面下的深度不小于 300mm；填土施工期每填一层土或 2～3d 应观测一次，预压期由每 7d 观测一次逐步过渡到每 15d 观测一次，沉降稳定之后每个月观测一次；现场监测结果及时整理分析，并绘制出各种曲线。

(2) 分层沉降观测

观测仪器用分层沉降仪，分层沉降仪测头在沉降管中下移到达磁环位置时分层沉降仪会发出蜂鸣声，从悬挂测头的钢卷尺上可读出该磁环所在的深度，由水准仪测出沉降管管口的高程即可换算出磁环的标高，两次标高之差即为该观测期磁环的沉降量；分层沉降的观测频率同表面沉降。

(3) 深层水平位移观测

观测仪器为测斜仪，从管底向上将各段管的倾角逐渐累加即可得出地基不同深度处的水平位移量；深层水平位移的观测频率同表面沉降观测，但在填土施工期应适当加密，监测结果应及时绘制成水平位移-深度曲线，当测值出现异常，并确认为非人为因素后，应采取应急测试措施。

(4) 孔隙水压力观测

采用的孔隙水压力计为振弦式孔压计，观测仪器用振弦频率仪，孔压计所受的孔隙水压力不同将导致其中振弦的自振频率发生变化，根据测出的频率值即可换算出孔压计所在处的孔隙水压力；孔隙水压力的观测频率与位移监测频度保持一致。

(5) 土压力观测

采用的土压力盒亦为振弦式仪器其工作原理同振弦式孔隙水压力计，观测仪器用振弦频率仪；在填筑加荷期要求每填一层土或 2～3d 观测一次，预压期每 15d 到一个月观测一次。

4. 监测结果分析

PCC 桩施工于 2003 年 8 月初结束，土压力盒、孔隙水压力计、测斜管、分层沉降管等原位观测仪器基本同步埋设结束，路堤填筑前各监测仪器均取得了稳定的初始值，路堤填筑工作开始于 2003 年 8 月底到当年 9 月初，至 2003 年 12 月底整个 PCC 桩加固段的预压土方均已填筑到位，截至 2004 年 6 月初共进行了 9 个月的观测工作。

(1) 加固区沉降规律

沉降变化规律是对高速公路路堤施工速度进行动态控制的重要指标，其值也反映了软土路基处理的效果，本项目沉降观测分为两方面的内容：桩顶和桩间土表面沉降观测、桩间土分层沉降观测，分别采用沉降板和沉降磁环进行观测。从其表面沉降－路堤荷载－时间关系曲线（图 3-29）、沉降速率－时间关系曲线（图 3-30）、分层沉降－路堤荷载－时间关系曲线（图 3-31）可以分析得以下规律：

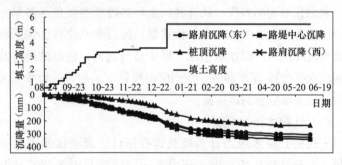

图 3-29　K30＋794.5 断面表面沉降过程线

1) 各断面的表面沉降随着填土高度的增加，沉降量相应增大，沉降过程线存在几个较明显的拐点。路堤填筑初期桩顶和桩间土的沉降均较小，沉降发生的速率较慢，尤其是桩顶几乎不发生沉降，说明此时荷载主要由桩间土承担；当路堤填筑高度达到 2.5～3.0m 时，桩顶和桩间土沉降速率均有增大的趋势，

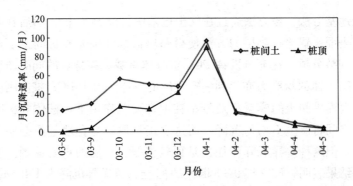

图 3-30　K30＋794.5 断面沉降速率过程线

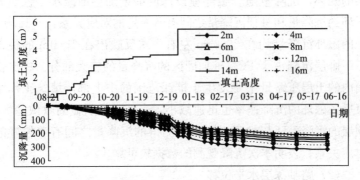

图 3-31　K30＋794.5 断面分层沉降过程线

但桩间土的沉降速率要大于桩顶的沉降速率，路堤荷载在桩顶和桩间土上进行着调整。

2）PCC 桩软基处理段沉降速率收敛快。该试验段路堤填筑工作较快，同时加固区的沉降速率亦较快。各断面沉降速率变化规律基本相同，路堤填筑强度大时沉降速率亦较大。填筑工作停止一段时间后沉降速率有减缓的趋势，路堤填筑初期桩间土的沉降速率要大于桩顶的沉降速率，当填土高度达到 4.0～5.0m 左右时，两者的沉降速率趋于一致。PCC 桩软基处理具有沉降速率收敛快的特点。

3）桩土差异沉降。PCC 桩加褥垫层软基处理方法是一种复合地基方法，该方法通过在软土地基中打设 PCC 桩，然后在路基表面设置碎石垫层的方法使得路堤荷载在桩体和桩间土上进行调整分摊。在充分发挥 PCC 桩桩体承载力高特点的同时使得桩间土体的承载力亦得到一定程度的发挥。由于 PCC 桩的刚度很大而桩间土的模量相对较小在上部荷载作用下，桩体和桩间土之间将产生不均匀沉降，而这也正是形成复合地基的必要条件，但这种差异沉降往往也是顶破格栅和垫层的重要原因。监测结果表明，K30＋794.5 断面的桩-土最终差异沉降为 108mm。

4）分层沉降。分层沉降实测结果表明，最大沉降发生于顶层的磁环，沉降量随着磁环埋设深度的增加逐渐减小。桩底处磁环的沉降量和桩顶沉降量之间有着一定的对应关系，－14.0m处的磁环沉降量均在 20.0cm 左右，这反映出在 15.0m 的桩长下下卧层沉降占了 PCC 桩加固区的沉降量的较大部分。桩深范围内的土层压缩量主要发生于桩深范围的中上部，填筑工作结束后各磁环的沉降速率也迅速减小，表现出较明显的收敛趋势。顶层的沉降磁环与桩间土沉降板测得的沉降量之间有着较好的对应关系，表明本次沉降观测的数据较可靠。

（2）路基深层水平位移

软弱地基物理力学性质差，抵抗变形的能力弱，路堤在地基中所产生的剪应力作用下往往会沿某一薄弱面产生较大的水平位移，甚至产生路基失稳问题，公路规范对水平位移的发生有明确的规定，但是表面水平位移边桩由于其测试精度低、易受施工干扰容易被人为破坏等原因，在高速公路建设中已较少采用，在重点软基断面一般通过埋设测斜管的方法来测试路堤填筑引起的水平位移。该试验断面测斜管埋设位置为：横向在路堤坡角外 1.0m，纵向埋设于两排桩的中间，埋设深度为 25.0m。

图 3-32 为典型的深层水平位移观测结果。可以看出 PCC 桩加固区的最大水平位移量均在 20mm 左右，这一结果对于较差的地质条件及 6.0m 左右的路堤填筑高度而言确实很小，而且水

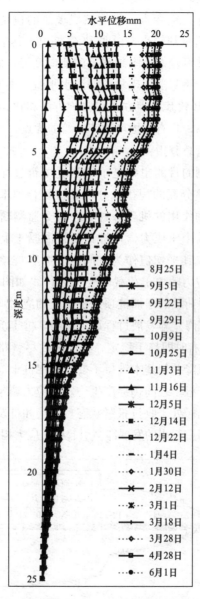

图 3-32　K30+794.5 断面深层水平位移

平位移曲线不存在突变点，尽管路堤填筑的速度较快，最大深层水平位移的增量却较小，说明 PCC 桩由于其抗弯刚度较大所形成的复合地基可较好地限制路基的侧向变形，路基比较稳定，不会产生桥台、路基滑移现象；深层水平位移的观测结果表明，PCC 桩复合地基软基处理方法跟常规方法相比路堤的稳定性得到了较大的提高，具有路堤可快速填筑的优点。

（3）桩土荷载分担

土压力观测的目的主要是了解路堤填筑过程中荷载在桩与桩间土之间调整分配的规律，分析管桩复合地基承载特性，研究桩土相互协调作用的机理。现场在每个监测断面路基中心桩的四周埋设了 6 个土压力盒，桩顶封顶混凝土上布置了 2 个土压力盒，分别取其平均值作为桩间土应力和桩顶应力，测得的桩顶和桩间土应力随填土荷载的变化过程线如图 3-33 所示。可以看出随着路堤荷载的增加桩顶及桩间土的应力均相应提高。从该断面的桩土沉降差异发展过程可以看出，桩土沉降差异在路堤填筑到 3.5m 左右时即趋于稳定，在此之后尽管路堤填筑高度不断增加但桩土沉降差却基本维持不变，即在桩土沉降差基本维持稳定的前提下，桩土之间仍会产生一定的应力调整，这主要是因为在土工格栅已经处于收拉张紧状态，垫层和桩及桩间土结合紧密后，桩土沉降差很小的发展即会引起桩土应力相对较大的调整。

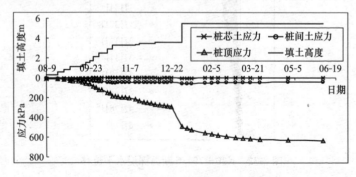

图 3-33　K30＋794.5 断面土压力变化图

桩土应力的调整分摊亦可表示为桩土应力比的变化，图 3-34 给出了不同断面桩土应力比变化过程线。监测结果表明：桩土应力比随着路堤荷载的增大逐步增大，而且在土方填筑完毕后，桩土应力比都有一个缓慢增长的过程，并最终趋于稳定，各监测断面最终桩土应力比均在 14.0～17.0 之间。

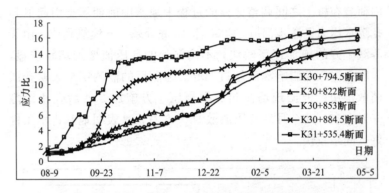

图 3-34　不同断面桩土应力比变化过程线

路堤填筑过程中桩土应力比的变化表明 PCC 桩复合地基的桩土应力比是一个变值，该值不仅与填土的高度有关，还与垫层等的特性有关。K30＋794.5 断面 PCC 桩加固设计较为合理，能较大地发挥 PCC 桩的承载力。监测结果还表明：在路堤填筑过程中各断面管桩桩芯的土压力均较小，最小值约 1kPa，最大值也只有 16kPa 左右，在整个路堤填筑过程中，桩芯土压力变化幅度极小基本呈维持不变的直线状。这反映出管桩具有良好的闭塞效应，在沉降过程中桩芯土的闭塞效应使得上部桩芯土中基本不产生压力。

（4）加固区孔压

孔隙水压力观测是了解地基土固结状态较直观的手段，通过在地基不同深度埋设孔隙水压力计可以对荷载的影响深度、不同土层的固结度等进行研究。本项目孔压计埋设深度分别为 4.0m、13.0m、20.0m，图 3-35 为不同深度孔隙水压力随路堤填土高度的变化过程，随着填土荷载的增加，路基内部的孔隙水压力逐渐增大，但增大的幅度较小。堆载后孔压上升，停歇期孔压逐渐消散，孔压变化幅值随深度的增加而减小。地基孔压反应不明显的原因主要是因为在格栅和垫层作用下，路堤填筑的荷载有很大一部分由桩体所承担，在分层填筑的方式下路堤荷载在桩土之间调整分摊的过程中地基中前期填土引起的超孔隙水压力已逐步消散。2003 年 12 底等载土方填筑到位，由于等载土方的施加速率较快，不同深处的孔压值增加均较明显，表明土体压缩影响深度超过 20m。但随后的监测结果表明孔压消散很快。根据现场监测数据预压土方施加 25d 后孔压消散60％左右，两个月后孔压消散 80％左右，这表明地基排水条件好，固结较快。

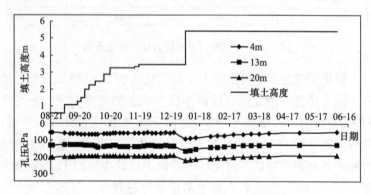

图 3-35　K30＋794.5 断面孔隙水压力变化曲线图

第4章 PCC桩复合地基检查与验收

4.1 承载力静载荷试验检测

1. 静载荷试验方法

《PCC桩复合地基规程》规定：对于一般工程的工程桩，可在成桩28d后进行单桩静载荷试验；对于地质条件复杂、成桩质量可靠性低的工程桩，应采用单桩和单桩复合地基静载荷试验方法分别进行检测。检测数量宜为总桩数的0.2%～0.5%，且每单项工程不得少于3根。

静载荷试验的目的是确定单桩竖向抗压极限承载力和单桩复合地基竖向抗压极限承载力，试验可按《建筑地基基础设计规范》GB 50007—2002、《建筑地基处理技术规范》JGJ 79—2002、《建筑基桩检测技术规范》JGJ 106—2003等规范的有关规定进行。试验时可采用压重平台反力装置，静荷载由安装在桩顶的油压千斤顶提供，桩顶沉降由百分表测量。单桩及单桩复合地基静载荷试验均按慢速维持荷载法进行，图4-1为静载荷照片。

单桩静载荷终止加载按如下条件控制：

（1）试桩在某级荷载作用下的沉降量大于前一级荷载沉降量的5倍；

（2）试桩在某级荷载作用下的沉降量大于前一级的2倍，且经24h尚未稳定；

（3）达到设计要求的最大加载量且沉降达到稳定，或已达桩身材料的极限强度以及试桩桩顶出现明显的破坏现象。

图 4-1 现场静载荷照片

单桩复合地基静载荷终止加载按如下条件控制：

（1）沉降急剧增大，土被挤出或承压板周围出现明显的隆起；

（2）沉降板的累计沉降量已大于其宽度的 6%；

（3）当达不到极限荷载，而最大加载压力已大于设计要求压力值的 2 倍。

PCC 桩的桩径较大单桩承载力较高，其桩距可取得较大，因此，在进行复合地基载荷板试验时，需要较大的加载板。例如，对于正方形布桩、桩距为 3.3m 的 PCC 桩复合地基，单根桩对应的加固面积为 3.3m×3.3m，即 10.89m²，为保证载荷板的整体刚度，试验可选用厚度为 2cm 的钢板，同时在板上等间距焊接 9 根 25B 型的工字钢，该层工字钢上面再加焊 2 根 40B 的工字钢，这样载荷板的整体刚度得到了很好的保证，载荷板设计图见图 4-2。

试验时，为了得到桩身、桩芯土和桩周土的应力分布，还可布置土压力盒，测量试验过程中的桩、土应力。

① 桩头及桩芯土上土压力盒的埋设

对于进行单桩静载荷试验的桩体，在处理桩头时在桩芯土塞上埋设 1 个土压力盒，桩头部位桩身上在对称位置埋设 2 个土压力盒。桩芯土上土压力盒埋设时应先在桩芯土中间位置挖

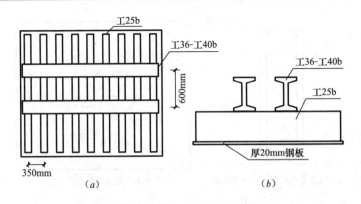

图 4-2　单桩复合地基荷载板设计图

(*a*) 3.3m×3.3m 载荷板平面图；(*b*) 3.3m×3.3m 载荷板剖面图

一小坑，在其中平铺一层细砂，将土压力盒放置于小坑中的砂土上，再用砂土将土压力盒覆盖，并保证砂土密实，将测量电缆引出后再用素混凝土进行桩头封顶处理。测量桩身应力的土压力盒埋设于处理桩头的封顶混凝土中，并尽量靠近桩头表面。单桩静载荷试验的土压力盒的埋设及安装见图 4-3 (*a*)。

② 单桩复合地基静载荷试验中桩间土上土压力盒的埋设

用于进行单桩复合地基试验的 PCC 桩除埋设上述 3 个土压力盒外还在载荷板下距桩体不同距离的桩间土上埋设了 3～4 个土压力盒；桩身及桩芯土上土压力盒的埋设同①所述，复合地基桩间土上埋设土压力盒 4 个，埋设时承接土压力盒的砂面需平整水平，土压力盒的受压面需对着欲测量的土层面，覆盖土压力盒的砂土应密实均匀。单桩复合地基桩土压力盒的埋设位置见图 4-3 (*b*)。

2. 静载荷试验实例

下面以盐通高速 PCC 桩试验段桩基承载力进行检测为例进行介绍。试验于 2003 年 6 月 20 日开始，2003 年 7 月 24 日结束。进行了单桩复合地基静载荷试验，具体的桩位及试验内容见表 4-1。现场静载荷试验结果见表 4-2。

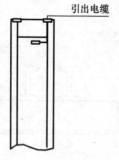 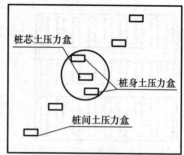

（a）桩芯土及桩身土压力盒埋设　　　（b）单桩复合地基试验土压力盒埋设

图 4-3　土压力盒埋设示意图

PCC 桩静载荷试验内容　　　　　　表 4-1

桩号范围	序号	编号	桩径（mm）	桩长（m）	强度等级	试验类型
K30+778～K30+808	3	A7-12	1240	15.0	C15	单桩复合地基

静载荷试验成果表　　　　　　表 4-2

项目 桩号范围	编号	最大试验荷载（kN）	复合地基承载力特征值（kPa）	极限承载力对应的沉降量（mm）	最大回弹量（mm）
K30+778～K30+808	A7-12	2995	137.5	13.61	7.40

　　由静载荷试验结果可以看出，在桩静载荷试验没有达到破坏的前提下，桩长 15m、桩径 1240mm 的 PCC 桩复合地基的承载力特征值为 137.5kPa，单桩复合地基的静载荷试验曲线见图 4-4 及图 4-5。静载荷试验的结果也说明本次 PCC 桩的施工质量是优良的。复合地基载荷试验结果表明，随着桩顶荷载的增加桩身应力有较大的增大，而桩芯的应力增加则较缓慢，埋设于桩间土上的土压力盒监测的结果显示，桩间土上的土压力的增长情况与桩芯土压力的反映相似增长较为缓慢。桩芯土压力和桩间土上的土压力增加幅度较小的原因这主要是因为试验过程中桩顶的沉降较小，地基土的沉降变形量相应较小，所以地基土受力极小。

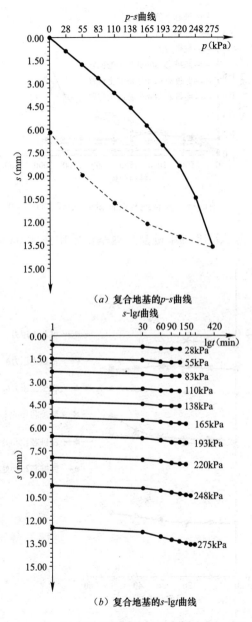

（a）复合地基的 p-s 曲线

（b）复合地基的 s-lgt 曲线

图 4-4   A7-12 单桩静载荷试验曲线

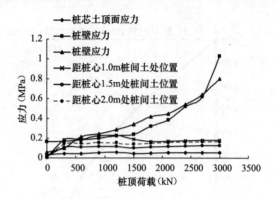

图 4-5　复合地基载荷试验（A7-12）

图 4-6 为 A7-12 桩单桩复合地基试验中在 400kN 的桩顶荷

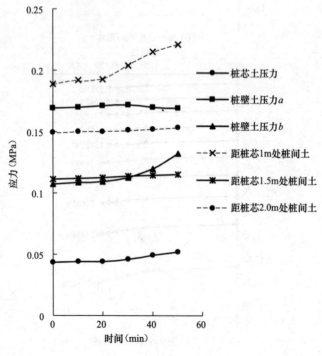

图 4-6　A7-12 应力时程线

载维持期间的桩身、桩芯及桩间土上的土压力变化时程线，可见在静载荷试验过程中在某级桩顶荷载维持期间，各部位土压力基本维持稳定。

4.2　桩身质量开挖直接检测

1. 开挖检测方法

《PCC 桩复合地基规程》规定：应在成桩 14d 后开挖桩芯土，观察桩体成型质量和量测壁厚，开挖深度不宜小于 3m。检测数量宜为总桩数的 0.2%～0.5%，且每个单项工程不得少于 3 根。

PCC 桩采用现浇工艺之后，其质量是检测是一个重要的问题。与预制管桩不同，PCC 桩在施工过程中可能出现扩颈、缩颈、夹泥、混凝土离析及桩体强度不足等缺陷。过去一般认为桩基属于隐蔽工程，桩身内部的缺陷是不可见的，只能通过间接的方法进行检测。但 PCC 桩具有其自身的特点。由于是一种大直径的管桩，桩内径较大，并且在内部空腔为桩芯土充填，具有可开挖性，开挖后较大的内部空腔为工人进入观察质量提供了可能。

在 PCC 桩成桩两周之后，可采用以下两种方法将桩芯土取出：

（1）人工开挖法，PCC 桩内径较大，为人工开挖提供了操作空间，在开挖桩芯土之前，将吊车安装好，通过吊车下到 PCC 桩的桩芯内底部。可一人在桩芯内底部开挖桩芯土，另一人在桩顶将桩芯土通过吊篮吊出；

（2）高压水冲法，在现场有足够水源的情况下，在安装吊车之前，采用高压水冲洗 PCC 桩内的桩芯土，使之形成泥浆，再用泥浆泵把泥浆抽出，从而使桩芯土全部排出；

若采用人工开挖法，吊车在开挖前安装，若采用高压水冲法，吊车在开挖后安装。通过吊车可以检测桩身任意位置处的质量。桩身质量检测方法包括：

（1）肉眼观测法，当桩芯内部光线较暗时，可用手电筒照明后直接肉眼观测桩体内部是否有孔隙、裂缝、凹陷、内缩、夹泥等缺陷，若有缺陷，用卷尺测量缺陷的深度、位置、尺寸大小，并记录缺陷的类型，还可用相机拍照记录，肉眼观测法可很快检测完桩芯全部位置；

（2）小锤敲击法，用小锤敲击桩体，根据声音判断桩壁是否有空洞，可每 $0.1m^2$ 的范围内进行一次敲击，若某处声音出现异常，记录下该位置，用冲击电钻在该位置钻孔，进一步检验该位置混凝土硬度、有无空洞等；

（3）桩壁钻孔法，用冲击电钻击穿桩壁，直接量测桩壁厚度，沿纵向可每隔 1～2m 钻一个孔，沿横向可每隔 1/4 或 1/3 圆弧钻一个孔；

（4）切割试块法，用混凝土切割机沿在不同深度切割混凝土试块，用于室内混凝土强度试验，沿纵向可每隔 1.5～2m 切割一个混凝土试块，沿横向可每隔 1/4 或 1/3 圆弧取一个试块，试块尺寸可根据骨料最大粒径和桩壁厚度取 100mm×100mm×100mm 或 150mm×150mm×150mm。

上述检测方法应当综合应用。当检测结束后，将现场土体回填到 PCC 桩的桩芯内。该检测方法的优点为：克服了过去桩基础作为隐蔽性工程无法直接检测的缺陷，成本低。是一种直接的检测方法，能直接观测到桩身内部任何位置的质量，直观可靠。

2. 现场开挖检测实例

现场开挖是检测各种桩最直观有效的办法，本实例为盐通高速公路 PCC 桩加固试验段。软基加固段长 249m 共分为 7 个不同的设计参数区段，根据试验计划在每一区段选择两根桩进行开挖检测，共计开挖了 14 根桩，结合这 14 根桩的开挖检测进行了如下内容的试验工作：

（1）开挖深度的确定，在进行开挖的桩中选取 2 根进行全桩开挖检测，选取 6 根开挖至地表以下 5～6m，选取 6 根开挖至地表以下 10～11m。每根桩桩顶外侧土体均下挖 1～2m，使桩头暴露；

（2）外观评价，对开挖裸露的桩身进行观察描述，检查是否有断裂、缩径等现象；

（3）钻孔量壁厚，管桩直径较大、单方混凝土提供的承载力较高，但其壁厚相对较薄，施工时如混凝土灌注量不足或拔管速度过快很容易导致 PCC 桩的壁厚得不到保证。壁厚均匀与否，直接关系到 PCC 桩抗压承载能力，只有均匀壁厚情况下，才能保证单桩承载力最大限度的发挥。结合 PCC 桩的开挖检测工作，对 PCC 桩成桩后的壁厚情况进行了研究。具体方法是在开挖后的桩身上从桩顶向下每 2m 用冲击钻钻一钻孔，量取钻孔部位桩体的壁厚；

（4）取芯检测，PCC 桩承载力的高低取决于两个方面的因素，一个是场地土体的特性，一个是 PCC 桩桩体混凝土的强度特性。如施工时混凝土搅拌不均匀或灌注时混凝土产生了离析现象则均会导致 PCC 桩的桩身混凝土强度得不到保证，混凝土的搅拌质量已经在施工过程中留置了试块进行检测。本次试验还在成桩后的桩身上取样进行了室内抗压强度试验，以对成桩后的桩身混凝土质量进行评价。桩身取样结合 PCC 桩的开挖进行。在每根开挖的桩上取 1 个样，共取样 14 个。取样位置在土层分界面附近，即地下 2m 及 10m 附近。因管桩内部空间较小用手提式取芯机极难操作，后改用冲击钻周边打孔取得较大一块送室内切割的方法来制备试样。取样后的桩身空洞均用混凝土进行了填补。

1）开挖桩体外观描述

图 4-7 为两幅现场开挖后的 PCC 桩照片，可以看出桩体成型极好。

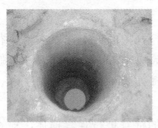 

（a）现场开挖一　　　　　　　　（b）现场开挖二

图 4-7　PCC 桩开挖图

表 4-3 列出了开挖检测的详细结果。从开挖的情况来看，本次施工的 PCC 桩内外壁光滑完整、没有断桩、离析、夹泥、凹陷、缩径等不良现象，施工质量较好。

PCC桩开挖检测结果表　　　　　　　　表 4-3

桩号范围	编号	开挖深度（m）	开挖情况描述
K30＋740～K30＋778	A8-21	5	桩体内壁表面光滑，未见断桩、离析、缩径现象
	A4-10	10	桩头部位 1～2m 有轻微歪斜现象，且歪斜部位壁厚不均匀，1～2m 以下成桩质量较好
K30＋778～K30＋808	A2-19	10	桩体内壁表面光滑，桩头壁厚均匀未见断桩、离析、缩径现象
	A1-8	12.5	顶部壁厚均匀，桩身自桩顶到桩底内壁表面光滑，未见断桩、缩径等现象
K30＋808～K30＋838	A6-22	5	顶部壁厚均匀，桩体内壁表面光滑，未见断桩、离析、缩径现象
	A10-20	10	顶部壁厚均匀，桩体内壁表面光滑，未见断桩、离析、缩径现象
K30＋838～K30＋868	A3-21	5	桩头部位有歪斜现象，歪斜部位壁厚不均，其下桩身质量较好，未见断桩、缩径现象
	A2-19	10	桩体内壁表面光滑，桩头壁厚均匀未见断桩、离析、缩径现象

桩号范围	编号	开挖深度（m）	开挖情况描述
K30＋868～ K30＋898	A4-3	10	桩体内壁表面光滑，桩头壁厚均匀未见断桩、离析、缩径现象
	A6-4	5	桩体内壁表面光滑，桩头壁厚均匀未见断桩、离析、缩径现象
K31＋509～ K31＋559	A5-5	5	桩体内壁表面光滑，桩头壁厚均匀未见断桩、离析、缩径现象
	A6-4	12.3	顶部壁厚均匀，桩身自桩顶到桩底内壁表面光滑，未见断桩、缩径等现象
K31＋559～ K31＋600	A8-3	5	桩体内壁表面光滑，桩头壁厚均匀未见断桩、离析、缩径现象
	A3-2	10	桩体内壁表面光滑，桩头壁厚均匀未见断桩、离析、缩径现象

2）桩体壁厚

PCC 桩壁厚的测量采用的是冲击钻钻孔再测量的方法，在钻孔时，为保证壁厚量测的准确程度，采取了一些保证冲击钻钻身轴线水平并与 PCC 桩直径吻合的措施。通过对每根开挖桩钻孔量壁厚数据的整理汇总，得出了 14 根开挖桩的壁厚统计情况，详见表 4-4：

桩身壁厚的测量结果显示，PCC 桩壁厚比较均匀，壁厚随深度变化离散性小，设计壁厚 120mm 的管桩实际壁厚均在 138～144mm 之间，最小壁厚也有 135mm；

设计壁厚 100mm 的 PCC 桩实际壁厚基本在 119～123mm 之间，最小壁厚为 118mm，而且最小壁厚均在桩顶部位。壁厚数据说明，在管中的混凝土灌入量得到保证，而且拔管的速度控制在 0.8～1.2m/min 的条件下 PCC 桩的成桩质量是有保证的，不会产生局部桩体壁厚过薄的质量事故。

PCC 桩壁厚情况统计表　　　　表 4-4

桩号范围	编号	桩长（m）	设计桩径（m）	设计壁厚（mm）	平均壁厚（mm）	最小壁厚（mm）
K30＋740～ K30＋778	A8-21	15.0	1.0	120	139	136
	A4-10	15.0	1.0	120	141	136
K30＋778～ K30＋808	A2-19	15.0	1.24	120	141	138
	A1-8	15.0	1.24	120	142	139
K30＋808～ K30＋838	A6-22	15.5	1.0	120	140	136
	A10-20	15.5	1.0	120	143	138
K30＋838～ K30＋868	A3-21	15.5	1.0	120	140	135
	A2-19	15.5	1.0	120	139	136
K30＋868～ K30＋898	A4-3	15.5	1.0	120	142	139
	A6-4	15.5	1.0	120	139	136
K31＋509～ K31＋559	A5-5	15.5	1.0	100	118	121
	A6-4	15.5	1.0	100	121	118
K31＋559～ K31＋600	A8-3	15.5	1.0	120	141	138
	A3-2	15.5	1.0	120	142	139

3）桩身混凝土强度

成桩后桩身混凝土的强度是反映管桩成桩质量的一个重要指标，可通过桩身取芯进行室内抗压强度试验的方法进行检测，因管桩壁厚相对较薄，因此在桩身取得的试样经切割后只能制成 100mm×100mm×100mm 的试块。本试验段在 14 根开挖桩上共取样 14 块，由盐通高速公路大丰一标工地试验室进行了单轴抗压强度试验，各试块的取样位置及其检测结果如表 4-5 所示：

表 4-5 的单轴抗压强度试验结果表明，PCC 桩桩身所取 14 个试样的混凝土强度均大于设计值 C15。各试块的强度值分布较均匀，尽管试块取自不同的桩体但试块的强度仍反映出了随着取样深度的增加试块的强度将增加的特征。这说明在上部混凝土的压力作用下下部桩体的混凝土密实性较上部的密实性要好。这也反映了拔管时沉管未离开地面前管中混凝土要高于地面一定高度的重要性。

PCC 桩桩身混凝土单轴抗压强度表　　　表 4-5

桩号范围	编号	取样深度（m）	抗压强度值（MPa）	龄期（d）
K30＋740～	A8-21	2.0	21	38
K30＋778	A4-10	10	24	45
K30＋778～	A2-19	2.0	19	63
K30＋808	A1-8	10.0	20	61
K30＋808～	A6-22	2.0	21	70
K30＋838	A10-20	10.0	23	77
K30＋838～	A3-21	2.0	20	89
K30＋868	A2-19	10.0	23	88
K30＋868～	A4-3	10.0	19	67
K30＋898	A6-4	2.0	22	65
K31＋509～	A5-5	2.0	27	106
K31＋559	A6-4	10.0	22	107
K31＋559～	A8-3	2.0	21	66
K31＋600	A3-2	10.0	24	72

4.3　桩身质量低应变检测

《PCC 桩复合地基规程》规定：桩身混凝土达到龄期后，宜采用低应变法检测桩身混凝土质量，检测数量不得少于总桩数的 10%；对设计等级为甲级或地质条件复杂、成桩质量可靠性较低的工程桩，抽检数量不得少于总桩数的 20%。

过去对低应变检测的波形进行分析，都采用基于平截面假定的一维波动理论。然而，管桩在低应变检测时，桩顶某一点受到低应变瞬态集中荷载的作用，存在三维效应，桩身中应力波的传播是一个三维波动问题，应力波在管桩中的传播并不满足平截面假定，不能简单地用一维波动方程描述，而应满足三维波动方程[42,43]。

1. PCC 桩三维应力波检测理论

（1）基本假定及计算模型

PCC 桩三维应力波检测理论，采用以下基本假定：桩周

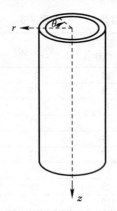

图 4-8　管桩柱坐标系

土、桩芯土和桩底土对桩的作用简化为线性弹簧和线性阻尼器并联耦合的方式；桩身混凝土材料为线性黏弹性材料，用 Voigt 模型表示；桩土系统的振动为小变形；低应变瞬态集中荷载作用在 $z=0$、$\theta=0$、$r=R_0$（R_0 为平均半径）处（图 4-8）。

激振力用半正弦脉冲模拟，周期为 T，峰值大小为 Q。表达式为式 4-1，式中 $\delta(\theta)$、$\delta(r-R_0)$ 为 Dirac 函数。

$$f(r,\theta,t)=\begin{cases}Q\sin\left(\dfrac{2\pi}{T}t\right)\delta(r-R_0)\delta(\theta) & \left(t\leqslant\dfrac{T}{2}\right) \\ 0 & \left(t>\dfrac{T}{2}\right)\end{cases} \quad (4\text{-}1)$$

对桩身中缺陷的模拟分以下两种情况：

1）对扩颈、缩颈这类截面积变化的缺陷，用壁厚的变化来模拟，而桩的平均半径不变。

2）对夹泥、离析这类材料性质发生变化的缺陷，用弹性模量的变化来模拟。图 4-9 给出了计算模型。桩身分为三段，第一段桩长度为 H_1，弹模 E_1，壁厚 h_1；第二段桩长度为 H_2-H_1，弹模 E_2，壁厚 h_2；第三段桩长度为 $H-H_2$，弹模 E_3，壁厚 h_3。桩外径 R_{1i}，内径 R_{2i}，则 $R_0=(R_{1i}+R_{2i})/2$。桩周土弹簧系数和阻尼系数分别为 k_O 和 δ_O，桩芯土弹簧系数和阻尼系数分别为 k_I 和 δ_I，桩底土

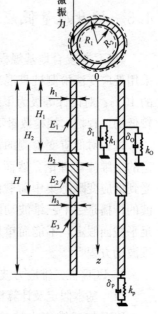

图 4-9　计算模型

弹簧系数和阻尼系数分别为 k_p 和 δ_p。

（2）方程的建立及初边值条件

对于第 i 段桩身，根据弹性动力学的理论可以建立如下波动方程：

$$(\lambda_i + 2G_i) \frac{\partial^2 u_i(z,r,\theta,t)}{\partial z^2} + \eta_i \frac{\partial^3 u_i(z,r,\theta,t)}{\partial t \partial z^2} + \frac{G_i}{r^2} \frac{\partial^2 u_i(z,r,\theta,t)}{\partial \theta^2}$$

$$+ \frac{\eta_i}{r^2} \frac{\partial^3 u_i(z,r,\theta,t)}{\partial t \partial \theta^2} + G_i \frac{\partial^2 u_i(z,r,\theta,t)}{\partial r^2} + \eta_i \frac{\partial^3 u_i(z,r,\theta,t)}{\partial t \partial r^2}$$

$$+ \frac{G_i}{r} \frac{\partial u_i(z,r,\theta,t)}{\partial r} + \frac{\eta_i}{r} \frac{\partial^2 u_i(z,r,\theta,t)}{\partial t \partial r}$$

$$= \rho_i \frac{\partial^2 u_i(z,r,\theta,t)}{\partial t^2} \tag{4-2}$$

式（4-2）中，$i = 1$、2、3，η_i 为第 i 段桩身的黏性阻尼系数，u_i $(z,\ r,\ \theta,\ t)$ 为第 i 段桩身在坐标 $(z,\ r,\ \theta)$ 处 t 时刻的竖向位移，ρ_i 为第 i 段桩身的密度。λ_i 和 G_i 为拉梅常数，$\lambda_i = \dfrac{E_i \nu}{(1+\nu)(1-2\nu)}$，$G_i = \dfrac{E_i}{2(1+\nu)}$。

桩顶边界条件：

$$(\lambda_1 + 2G_1) \frac{\partial u_1}{\partial z} \bigg|_{z=0} = f(r,\theta,t) \tag{4-3}$$

桩底边界条件：

$$(\lambda_3 + 2G_3) \frac{\partial u_3}{\partial z} + k_P u_3 + \delta_P \frac{\partial u_3}{\partial t} \bigg|_{z=H} = 0 \tag{4-4}$$

桩侧边界条件：

$$\left(G_i \frac{\partial u_i}{\partial r} + k_O u_i + \delta_O \frac{\partial u_i}{\partial t} \right) \bigg|_{r=R_{1i}} = 0 \tag{4-5}$$

$$\left(G_i \frac{\partial u_i}{\partial r} - k_I u_i - \delta_I \frac{\partial u_i}{\partial t} \right) \bigg|_{r=R_{2i}} = 0 \tag{4-6}$$

桩身在 H_1 和 H_2 深度处位移和力连续条件：

$$u_1\big|_{z=H_1} = u_2\big|_{z=H_1} \tag{4-7}$$

$$E_1 \frac{\partial u_1}{\partial z}\bigg|_{z=H_1} = E_2 \frac{\partial u_2}{\partial z}\bigg|_{z=H_1} \tag{4-8}$$

$$u_2\big|_{z=H_2} = u_3\big|_{z=H_2} \tag{4-9}$$

$$E_2 \frac{\partial u_2}{\partial z}\bigg|_{z=H_2} = E_3 \frac{\partial u_3}{\partial z}\bigg|_{z=H_2} \tag{4-10}$$

初始条件：

$$u_i(z,r,\theta,t)\big|_{t=0} = 0 \tag{4-11}$$

$$\frac{\partial u_i(z,r,\theta,t)}{\partial t}\bigg|_{t=0} = 0 \tag{4-12}$$

（3）方程的解

丁选明，刘汉龙等[42]采用 Laplace 变换和分离变量法求得第 i 段桩身的位移表达式为：

$$U_i(z,r,\theta,s) = \sum_{m=0}^{\infty} \sum_{n=1}^{\infty} \big[\zeta_{inm} J_m(\beta_{inm}r) + Y_m(\beta_{inm}r)\big]$$

$$\cos(m\theta)(C_{inm}e^{\alpha_{inm}z} + D_{inm}e^{-\alpha_{inm}z}) \tag{4-13}$$

式中，$m=0$ 对应轴对称模态的位移，轴对称模态又包含 $n=1$，2，3，……无穷多阶模态。$m \neq 0$ 对应着非轴对称模态，每个非轴对称模态也包含无穷多阶模态。

令 $s=i\omega$，则 Laplace 变换等价于单边的 Fourier 变换，由式（4-13）可得到位移频域响应为 $U_i(z,r,\theta,i\omega)$。因此，速度频域响应可表示为：

$$V_i(z,r,\theta,i\omega) = i\omega U_i(z,r,\theta,i\omega) \tag{4-14}$$

由于位移和速度频域响应表达式较复杂，进行 Fourier 逆变换时难以得到显式的表达式，因此进行逆变换时采用数值积分方法可得到时域响应。位移时域响应表达式为：

$$u_i(z,r,\theta,t) = IFT\big[U_i(z,r,\theta,i\omega)\big] \tag{4-15}$$

速度时域响应表达式为：

$$v_i(z,r,\theta,t) = IFT\big[i\omega U_i(z,r,\theta,i\omega)\big] \tag{4-16}$$

式中，IFT 表示 Fourier 逆变换。

2. 完整桩反射波特征

完整桩计算参数为：$E_i = 20\text{GPa}$，$\rho_i = 2400\text{kg/m}^3$，$\nu = 0.17$，$k_{Oi} = k_{Ii} = 10000.0\text{N/m}^3$，$\delta_{Oi} = \delta_{Ii} = 1000.0\text{N} \cdot \text{s/m}^3$，$R_0 = 0.44\text{m}$，其中 $i = 1$，2，3。图 4-10 给出了激振点和测点的分布图，图 4-11 和图 4-12 给出了完整桩的计算结果。从图可以看出，入射波峰 A 在 1.3ms 附近，在 18ms 附近能看到明显的桩底反射 B，入射峰-桩底反射峰之间波形平滑。

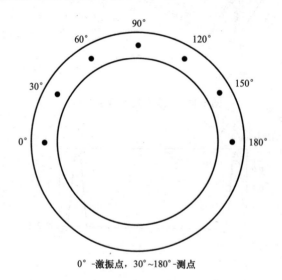

0°-激振点，30°～180°-测点

图 4-10　激振点和测点分布图

PCC 桩低应变检测的三维效应主要是考虑速度响应沿着环向的变化。与激振点夹角不同的点速度响应的差别主要体现在入射峰和高频干扰，0°点为输入激振力的点，因此入射波峰值最大，时间最早，与激振点夹角越大，入射峰时间越滞后。90°点入射波峰值最小，因为该点所有奇数阶振动模式都为 0。同时，90°点的高频干扰最小，其他各点都受到了不同程度的高频干扰。0°点和 180°点高频干扰最大，45°点和 135°点略小。各点干扰峰相位各不相同，0°点～90°点与 90°点～180°点相位相反。

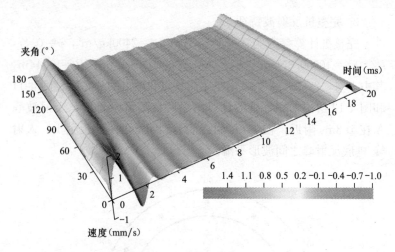

图 4-11 完整桩桩顶速度响应

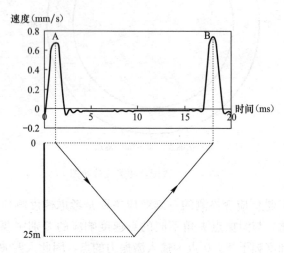

图 4-12 完整桩速度波传播图（$\theta=90°$，T＝4ms）

3. 缺陷桩反射波特征

图 4-13 和图 4-14 的算例为：桩身在 10m 深度处出现缩颈，缩颈段从 10m 到 15m，缩颈段壁厚为 0.06m。计算结果表明，能看到明显的缺陷反射峰和桩底反射峰。图中 A 为入射波峰，B 为

10m 处缩颈反射峰，因此与入射波峰同相。C 为 15m 深度缩颈之后的相对扩颈反射峰，因此与入射波峰反相。D 峰为 B 峰在 10m 处的反射峰（＋）和 A 峰经缩颈段来回反射后传播到桩顶的波

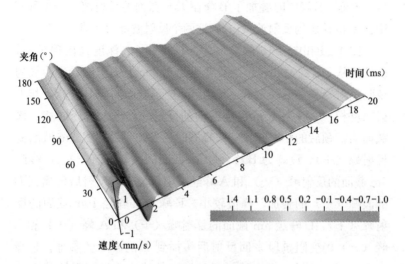

图 4-13　缩颈缺陷桩桩顶速度响应

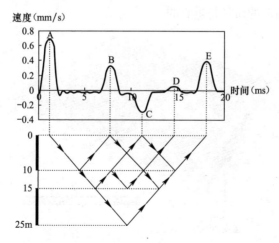

图 4-14　缩颈缺陷桩速度波传播图（$\theta=90°$，$T=4ms$）

101

（一）的叠加，正负叠加，因此峰值较小。E 为桩底反射波峰，峰值没有完整桩的大，这是一方面因为波在变阻抗截面处同时发生反射和透射，只有透射波传播到桩底，反射波带走了一部分能量；另一方面，E 峰同时叠加了 B 峰在 15m 截面的反射波（一）和 C 峰在 10m 截面的反射波（一），这两个反射波都为负值。

图 4-15 和图 4-16 的算例为：桩身在 5m 深度处出现扩颈，扩颈段从 5m 到 10m，扩颈段壁厚为 0.20m。图中能看到明显的缺陷反射峰和桩底反射峰。B 为 5m 扩颈截面的反射波峰，与入射峰反相。C 峰为 10m 深度截面的反射峰，与入射峰同相，该截面为扩颈后的相对缩颈，C 峰同时还叠加了 B 峰经 5m 截面的反射峰（＋）。D 峰为 B 峰经 10m 截面的反射峰（一）、C 峰经 5m 截面的反射峰（一）和 A 峰经变阻抗段来回反射后传播到 D 的波峰（＋）的叠加，峰值较小。E 峰为 C 峰经 10m 截面的反射峰（＋）、D 峰经 5m 截面的反射峰（＋）和 A 峰（＋）和 B 峰（一）经变阻抗段来回反射后传播到 E 的波峰的叠加。F 峰主要为桩底反射波峰，同时还叠加了其他波峰经变阻抗截面的反射波。由于扩颈缺陷和相对缩颈缺陷深度成倍数关系，因此很多反射波的路径是重叠的。

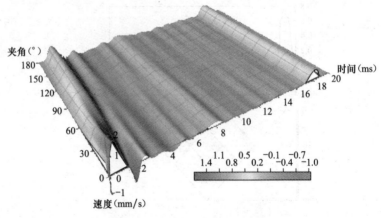

图 4-15 扩颈缺陷桩桩顶速度响应

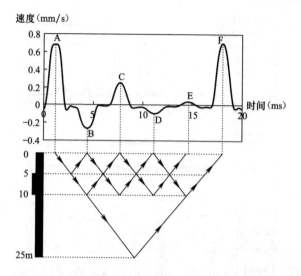

图 4-16　扩颈缺陷桩速度波传播图 ($\theta = 90°$，T＝4ms)

　　为了研究变截面桩和变模量桩速度响应的差别，图 4-17～图 4-19 还给出了缺陷位置相同但缺陷类型不同的速度响应对比。图 4-17 给出了 90°点变截面桩和变模量桩速度响应。图 4-18 和图 4-19 分别为给出了变模量和变截面桩应力波在变阻抗处反射和透射沿桩身传播形成波峰或波谷的过程，图中向下传播的波用实线表示，向上传播的波用虚线表示。计算时，在变阻抗的 BC 段，变模量桩的弹性模量取为正常模量的 1/3，变截面桩的壁厚取为正常壁厚的 $\sqrt{3}/3$，这样就能保证 BC 段具有相同的波阻抗，也就能保证在阻抗突变的 B 截面和 C 截面处应力波具有相同的反射系数和透射系数。从图 4-17～图 4-19 可以看出，变截面桩和变模量桩速度响应是有较大差别的，造成这种差别的原因是变阻抗段波速的差别。变模量桩在 BC 段波速变小，而变截面桩波速是不变的，因此变模量桩 C 截面反射峰 P3 到达的时间要比变截面桩迟，P3 之后的其他峰值到达时间也要比变截面桩迟，原因同前。

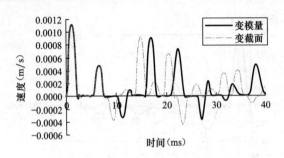

图 4-17　变截面桩和变模量桩速度响应对比

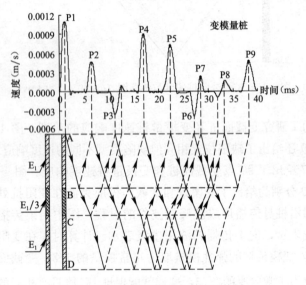

图 4-18　变模量桩中应力波的传播

　　图 4-17 和图 4-19 中波的传播折线实际上可以认为是波前的位移时间曲线。比较图 4-17 和图 4-19 可知，变模量桩在变模量的 BC 段波速比 AB 段和 CD 段小，因此 BC 段波传播线斜率的绝对值比 AB 段和 CD 段的小，波的传播路径是折线型的；而变截面桩波速在 BC 段不变，因此 BC 段波传播线斜率和 AB 段及 CD 段相同，波的传播路径是直线型的。

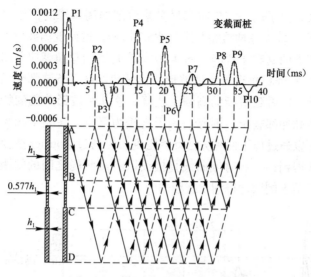

图 4-19　变截面桩中应力波的传播

　　图中各峰值都对应着变阻抗截面或桩底的反射波峰。B 截面处，波阻抗由大变小，因此反射峰与入射峰同相；C 截面处，波阻抗由小变大，因此反射峰与入射峰反相；桩底 D 截面处，由于桩底弹性系数和阻尼系数较小，其反射峰与入射峰同相。P2 峰为 B 截面的同相反射；P3 峰为 C 截面的反相反射；P4 为桩底 D 截面的同相反射；P5 为 P4 经 B 截面后的同相反射；P6 为 P3 经桩底 D 截面的同相反射和 P4 经 C 截面的反相反射的叠加；P7 为 P5 经 B 截面的同相反射；P8 为 P7 经 B 截面的同相反射和 P1 经 CD 段来回反射后的同相反射；P9 为 P5 经桩底 D 截面后的同相反射。实际上，波的反射、透射、叠加比以上所描述的情况更为复杂。

　　4. 低应变检测实例

　　前面已经指出，PCC 桩低应变检测波形在不同测点会受到不同程度的高频干扰，传感器与激振点夹角 90°时高频干扰最小。高频干扰峰的大小与激振力脉冲宽度、土阻力作用的大小等有关，由于现场实测时都尽量采取削弱高频峰的措施（如在90°点采用较宽脉冲检测并进行滤波处理），因此现场波形大多看不到较大的高频干扰峰。图 4-20～图 4-22 为盐通高速公路软基处理工程 PCC 桩现场实测波形，很显然，这三条波都受到了高频干扰，能看到清晰的高频干扰峰。这几个波形共同的特点是激振力脉冲都较窄，因此高频干扰较为严重。高频干扰频率的大小可以通过以下两种方法计算得到：①通过 Fourier 变换从频域曲线得到；②从时域曲线直接读取各高频峰之间的间距，取平均间距求倒数即得到干扰频率。

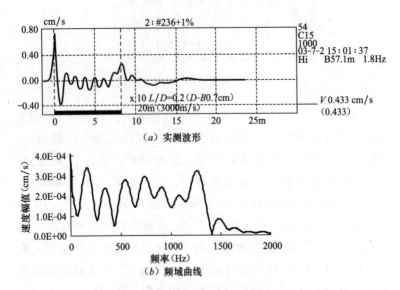

（a）实测波形

（b）频域曲线

图 4-20　盐通高速 PCC 桩现场实测波形及频域曲线

图 4-20 中实测波形入射峰与桩底反射峰之间共出现 6 个高频干扰峰，可以从图中读出各干扰峰处对应的横坐标值，从而计算得到各峰间距的平均值约为 1.16m，那么各峰平均时间差为 $1.16 \times 2/3000 = 0.00077\mathrm{s}$，对应的高频干扰频率为 $1/0.00077 = 1300\mathrm{Hz}$。从速度频域曲线可以看出，高频干扰频

率也在 1300Hz 附近，与直接从时域计算的干扰频率吻合，可见采用时域方法和频域方法确定高频干扰频率都是可行的。但值得注意的是，如果波形同时受到几种不同频率的高频波干扰时，各干扰峰之间不一定等间距排列，这时应该采用频域方法计算干扰频率。频域曲线前几个频峰之间的频率差都在 180Hz 左右，与桩底反射峰频率（C/2H）较为接近，这些频峰为桩底反射波的谐振。

图 4-21 从实测波形可以读出第 1 个高频干扰峰对应的横坐标为 1.3m，第 5 个高频峰对应的坐标为 6.5m，所以前 5 个高频峰间距的平均值为（6.5－1.3）/4＝1.3m，从而可以计算得到高频干扰频率为 1/（2×1.3/3000）＝1154Hz，而从频率曲线可以看出，高频干扰频率为 1155Hz，两者是一致的。从实测波形还可以看出，高频干扰峰随着传播距离逐渐衰减，在大于 6.5m 之后，高频干扰基本不可见。

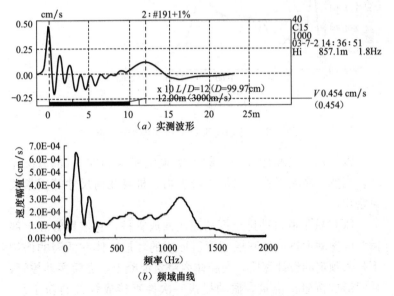

（a）实测波形

（b）频域曲线

图 4-21　盐通高速 PCC 桩现场实测波形

图 4-22 中，从实测波形可计算出各高频干扰峰平均间距约为 1.212m，计算出高频干扰频率为 1238Hz，而从频域曲线得到的高频干扰频率为 1240Hz，两者一致。图中实测波形也表现出高频峰逐渐衰减的特性，在 7.0m 之后高频峰已经很小了。可见在土阻力作用较大的情况下，高频干扰峰只是在一定的时间范围内存在，只要采用较宽的激励脉冲消除前面一段时间内的高频干扰，那么实测曲线高频峰将不可见。

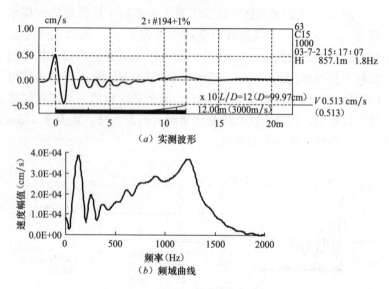

图 4-22   盐通高速 PCC 桩现场实测波形

以上几种工况计算的高频干扰频率都在 1100～1300Hz 左右，当然，高频干扰还与输入激振力、桩身几何尺寸等因素关系密切。

PCC 桩采取自动排土振动灌注而成管桩，它依靠管腔上部锤头的振动力将内外双层套管所形成的环形腔体在活瓣的保护下打入预定的设计深度，在腔体内浇筑混凝土，之后振动拔管，从而形成沉管、浇筑、振动提拔一次性直接成管桩的新工艺。现浇大直径管桩的沉桩的质量是一个非常重要的问题，与预制管桩不同，PCC 桩成桩后桩壁并不是十分光滑，可能出现扩颈和缩颈等缺陷，形成所谓的"竹节"现象。低应变检测时，这些扩颈和缩颈桩表现出缺陷桩的反射波特征。

图 4-23～图 4-25 为现场实测缺陷桩波形。图 4-23 中，根据波形判断约距离桩顶 4.5m 深度处出现较大的与入射波反相的反射波峰，可以判断该处截面波阻抗增大，为扩颈缺陷。而该波峰之后约 6.3m 深度出现与入射峰相同的反射波峰，可知在该深度处，桩身波阻抗变小，由于该峰与前面扩颈缺陷的波峰距离较近，且峰值不大，该波峰应该为扩颈之后的相对缩颈所致，并非真正的缩颈缺陷。可以计算扩颈缺陷段长度大致为 1.8m。图 4-24 中，在 4m 深度附近出现与入射波峰反相的波峰，该处也存在扩颈缺陷。而扩颈之后的相对缩颈波峰出现在约 6m 深度，该峰与桩底反射峰较为接近。图 4-25 的波形在 5.5m 深度附近出现与入射峰反相的波峰，为扩颈缺陷，而扩颈之后的相对缩颈峰不明显。

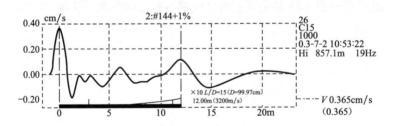

图 4-23　盐通高速缺陷 PCC 桩现场实测波形（1）

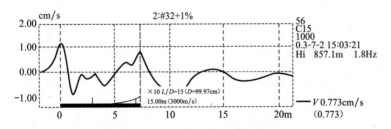

图 4-24　盐通高速缺陷 PCC 桩现场实测波形（2）

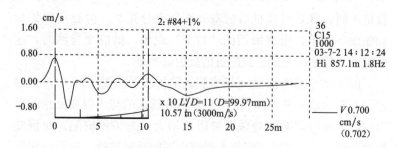

图 4-25　盐通高速缺陷 PCC 桩现场实测波形（3）

　　根据缺陷反射峰的相位可以判断缺陷类型，根据缺陷峰值的大小能进一步判断缺陷的严重程度。值得一提的是，PCC 桩实测波形容易受到高频波的干扰，因此必须区别高频干扰峰与缺陷峰。高频峰一般都表现为短周期的来回震荡（图 4-20～图 4-22），会一直存在整个波形，直到衰减为 0。而缺陷反射峰一般为一个或几个，与附近波峰相比，峰值相对较大，在同（反）相反射峰之后紧接着往往伴随着的反（同）相反射峰。如图 4-23～图 4-25 缺陷反射峰之前都有轻微的高频干扰峰。

第5章 PCC桩复合地基设计与施工实例

5.1 概述

近十多年来，随着科技的进步，高速铁路技术和建设得到了蓬勃发展。根据《中国铁路中长期发展规划》，2020年以前我国将建成连接华北、东北、华东、中南等几大区域的高速铁路网，所有大中城市都可直接或间接与高速网相通，形成我国快速客运大通道的骨干网架。高速铁路经过的区域，软土分布广泛。在软土地基上修筑客运专线，由于软弱土地基强度低，变形大且荷载作用时间长，不仅要保证其稳定性，还要对其变形、工后沉降进行严格控制，对地基采取相应的处理措施。软土路基的沉降控制是高速客运专线路基建造的关键技术之一。

京沪高速铁路经过海河、黄河、淮河及长江中下游冲积平原，沿线广为第四系地层覆盖，厚度最大超过200m，且成因类型、埋藏规律复杂，工程性质差，其复杂的地质条件和高标准的使用要求给相关的地基处理带来了前所未有的困难，同时也为相关课题的科学研究提供了一个很好的契机。

作为一种新型刚性桩复合地基技术，PCC桩能充分发挥单方混凝土的效能，以较小的工程造价取得较好的软基加固效果，是一种经济高效的地基加固技术，已广泛应用于我国沿海、沿江及内地湖泊地区的高速铁路、高速公路、港口、市政等工程项目，取得了显著的社会经济效益。高速铁路工程与其他工程相比，其荷载形式、沉降控制标准存在差异。本章通过高速铁路路堤荷载作用下PCC桩复合地基的工程实例介绍了其设计和施工方法，包括工程场地地基基本特性、设计原则与计算方法、施工工艺和质量检验方法等，可为 PCC 桩复合地基的设计与施工提供参考。

5.2 工程地质条件

5.2.1 地形地貌

秦淮河一级阶地，地势平坦开阔，水塘沿线路中心分布：其中 L1XDK10＋315～＋511、L1XDK10＋530～＋570、L1XDK10＋767～＋803 为水塘，水塘宽一般为 20～30m，局部最大达 40～50m，塘埂标高 8.0m，水深 1～2m，淤泥厚 0.5m。地下水不发育，测时水位埋深 1.0～2.0m，对混凝土无侵蚀性。

5.2.2 地层岩性

该工程典型断面的工程地质分布如图 5-1 所示。PCC 桩复合地基加固区的土层及性质如下：

0) 人工填土；

1)$_{-1}$ al＋plQ4 淤泥质粉质黏土：褐灰色，流塑，（Ⅱ）；

1)$_{-2}$ al＋plQ4 粉质黏土：褐黄～灰色，软塑，（Ⅱ）；

1)$_{-3}$ al＋plQ4 粉质黏土：褐黄色，软塑，（Ⅱ）；

1) al＋plQ4 粉质黏土：褐黄色，硬塑，土质均匀，（Ⅲ）；

2) alQ3 粉质黏土：褐黄色，硬塑，（Ⅲ）；

3) alQ3 粉质黏土夹碎石，粉质粘土：褐黄色，硬塑；（Ⅲ）；

4)$_{-1}$ 泥质砂岩：全风化，棕红色，（Ⅲ）；

4)$_{-2}$ 泥质砂岩：强风化，紫红、棕红色，（Ⅳ）。

工程名称	京沪高速铁路南京段南京南站至仙西联络线路基					孔口标高	7.75 m	
钻孔编号	Jz-Ⅲ07-联A11	位置	L1XDK10+551.99中心	坐标	X:393713.26 Y:3545890.39	开工日期	2007年9月2日	
						完工日期	2007年9月3日	

层次	时代成因	岩层说明	岩层剖面 1:200	层深	层厚	层底标高	地下水位	标贯击数	基本承载力 kPa	附注
0)	Q_4^{ml}	人工填土、褐黄色、软~流塑，为塘淤夹碎石块		1.80	1.80	5.95	▽1.10 2007-9			
1)		粉质黏土、褐黄色、硬塑		4.10	2.30	3.65		$\dfrac{5}{2.75\sim3.05}$	150	
1)1	Q_4^{al+pl}	淤泥质粉质黏土、浅灰色、流塑、有腥味		9.30	5.20	-1.55			60	
1)		粉质黏土、灰绿色、硬塑		11.20	1.90	-3.45		$\dfrac{8}{10.05\sim10.35}$	150	
3)	Q_3^{al}	粉质黏土夹碎石，粉质黏土、褐黄色、硬塑；碎石约占20%，$\phi20\sim40mm$左右		13.20	2.00	-5.45		$\dfrac{7+9+21}{11.50\sim11.80}$	250	
4)1	K	泥质砂岩、棕红色、全风化、呈土柱状	W4					$\dfrac{5+6+15}{13.80\sim14.10}$ $\dfrac{9+11+23}{16.10\sim16.40}$ $\dfrac{10+12+25}{18.50\sim18.80}$ $\dfrac{13+16+22}{20.90\sim21.20}$	200	
				27.10	13.90	-19.35				
4)2		泥质砂岩、棕红色、强风化、呈碎块状	W3	28.10	1.00	-20.35			300	
4)3		泥质砂岩、棕红色、弱风化、呈柱状	W2	30.10	2.00	-22.35			400	

图 5-1　典型断面的工程地质钻孔柱状图

5.2.3　土体物理力学参数

PCC 桩复合地基加固区的土体物理力学参数如下：

0) 填土：$\gamma = 19\text{kN/m}^3$，$c_u = 10\text{kPa}$，$\varphi_u = 30°$；

1)$_{-1}$ 淤泥质粉质黏土：流塑，$w = 49.14\%$，$\gamma = 19.5\text{kN/m}^3$，$e_0 = 1.35$，$c_u = 7.54\text{Pa}$，$\varphi_u = 4.29°$、$c_{cu} = 17.6\text{kPa}$、$\varphi_{cu} = 18.94°$、$E_s = 2.19\text{MPa}$；

1)$_{-2}$ 粉质黏土：软塑，$w = 30.3\%$，$\gamma = 19.6\text{kN/m}^3$，$e_0 = $

0.73，c_u＝25Pa，E_s＝4.95MPa；

1）粉质黏土：硬塑，w＝28.28％，γ＝20.2kN/m³，e_0＝0.81，c_u＝24.63Pa，φ_u＝14.4°、c_{cu}＝43.67kPa、φ_{cu}＝22.0°，E_s＝8.66MPa。

5.3 PCC 桩复合地基设计

工程场地位于京沪高速铁路仙西联络线（桩号：L1XDK10＋260～L1XDK10＋610）。采用 PCC 桩复合地基加固，设计平面图和设计横断面图分别如图 5-2 和图 5-3 所示。PCC 桩采用梅花形布置，桩间距 2.5m，桩径 1m，壁厚 150mm，桩长 8～15m，打入持力层 1.5～2m。桩顶设 0.6m 厚碎石垫层，内铺设一层厚100mm 的土工格栅，其网格尺寸为 250mm×250mm，屈服强度≥180MPa，断裂延伸率小于 15％。

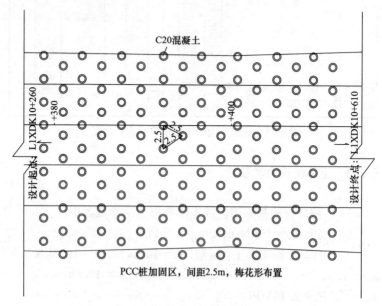

图 5-2 设计平面图

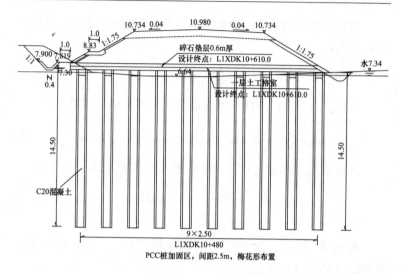

图 5-3　设计横断面图

根据《京沪高速铁路设计暂行规定》（以下简称《暂规》），铁路路基工后沉降需考虑列车荷载。列车荷载按照单线加载，荷载为 3.5m 宽，等效为 3.2m 高、容重为 18kN/m³ 的填土。选取代表性断面 K388 进行设计计算，该断面路堤底部宽 24m，顶部宽 13.6m，路堤高度为 3m，桩长为 15m，加固区土体压缩模量为 2.19MPa。

1. 加固区沉降计算

加固区的土层分布和压缩模量值如表 5-1 所示。

土层分布及其性质　　　　　　　　表 5-1

土层名称	土层厚度（m）	压缩模量（MPa）
0）填土	0.8	5.00
1）$_{-1}$淤泥质粉质黏土	1.3	2.19
1）$_{-2}$粉质黏土	1.4	4.95
1）$_{-1}$淤泥质粉质黏土	10.8	2.19
1）$_{-2}$粉质黏土	1.7	4.95
2）粉质黏土	2	13.8
4）$_{-1}$泥质砂岩	9	38.9

根据该断面的静载试验数据，可直接根据式（2-15）计算出承载比为：

$$\xi = \frac{f_{spk}}{f_{ak}} = 3.072 \tag{5-1}$$

根据式（2-14）可计算得到加固区未修正的沉降量 s_1'：

$$s_1' = \sum_{i=1}^{n} \frac{p_0}{\xi E_{si}} (z_i \bar{a}_i - z_{i-1} \bar{a}_{i-1}) = 125.8\text{mm} \tag{5-2}$$

再根据压缩模量当量的计算公式可以计算得到：

$$\bar{E}_s = \frac{\Sigma A_i}{\Sigma \dfrac{A_i}{\xi E_{si}}} = 7.6\text{MPa} \tag{5-3}$$

查表 2-3 可得：$\psi_s = 0.955$。因此根据式（2-14）可计算得到加固区的最终沉降量为：

$$s_1 = \psi_s s_1' = 120.1\text{mm} \tag{5-4}$$

2. 下卧层沉降计算

经试算可知下卧层沉降计算到土层 2）底部可满足公式（2-24）规定的计算深度要求。将表 5-1 的下卧层参数代入式（2-20），采用利用分层总和法可以计算出下卧层沉降量为：

$$s_2 = \sum_{i=1}^{n} \frac{\Delta p_i}{E_{si}} H_i = 17.3\text{mm} \tag{5-5}$$

3. 工后沉降计算

由式（2-13）可以计算得到 K388 断面总沉降为：

$$s = s_1 + s_2 = 120.1\text{mm} + 17.3\text{mm} = 137.4\text{mm} \tag{5-6}$$

假设施工期为 1 年，则由式（2-25）可计算出 K388 断面第 1 年后固结度为：$U_{1年} = 85.8\%$；第 16 年后固结度为：$U_{16年} = 99.8\%$；

由公式（2-26）可计算得到 K388 断面施工结束 15 年后的工后沉降为：

$$s_{工后} = (U_{16年} - U_{1年})s = (99.8\% - 85.8\%)$$
$$\times 137.4\text{mm} = 19.2\text{mm} \tag{5-7}$$

5.4　PCC 桩复合地基施工及质量检测

1. 施工工艺及施工顺序

PCC 桩作为一种全新的软基处理方法，单方混凝土提供的承载力较大，壁厚相对较薄，因此必须对从材料进场到拔管移机等施工过程中的各个方面加强控制，通过相应的控制措施及施工工艺来保证其质量。本工程 PCC 桩施工的一般规定包括：

（1）施工前应整平场地，并在 PCC 桩施工场地附近设置基准点，使其位置不受打桩影响，PCC 桩桩位从基准点引出测放。在场地一侧（距离场地边界约 5m）设置控制桩，妥善保护并经常检查其位置，一般每一周检查一次。

（2）打桩前应处理高空和地下障碍物。桩机移动的范围内除保证桩机垂直度的要求外，并需考虑地面的承载力，保证施工场地及周围排水沟畅通。

（3）作为一种刚性桩复合地基加固方案，PCC 桩复合地基采用的满堂布置的方式，对其桩位的中心允许偏差，不得超过 200mm。

（4）在软土地基上打较密集群桩时，为减少桩的变位，可采取控制打桩速度及设计合理打桩顺序的方法，最大程度减少挤土效应。

（5）PCC 桩施工前应进行成孔、成桩试验，以检验设备和工艺是否符合要求，数量不得少于 2 根。

（6）每班连续施工应随机留置混凝土试块一组（3 块），若每班连续施工的混凝土方量超过 50m³，则应增加留置试块一组。

（7）打桩锤宜用中高频率的锤，激振锤选择应根据工程地质条件、桩的直径、结构、密集程度等条件选用。

（8）桩机就位时应调整桩机的垂直度和水平度，垂直度以桩塔的垂线控制，垂直偏差应小于1%。沉管应自然下垂就位不得人为强行推动沉管就位。

（9）打桩时如发现地质条件与提供的数据不符，应及时上报设计单位研究处理。

（10）沉管的外侧或桩架上应设置标尺，以便确认孔深是否达到设计要求。根据不同地质条件沉管在下沉时可采用先静压到一定深度后，再开启振动锤将沉管沉至设计深度，如沉管下沉深度明显小于设计值便无法下沉时应及时上报设计，若在接近设计深度时沉管无法下沉，则可以按最后2min的贯入度不大于5cm的标准进行桩长控制。

（11）所有进场材料需检测合格。夏季施工时为保证混凝土灌注有足够的时间可在混凝土中适当添加缓凝剂。

（12）PCC桩的实际浇筑混凝土方量不得小于理论计算体积，实际PCC桩的充盈系数需大于1.1。灌注时桩管内混凝土灌满后，先振动10s，再边振动边拔管。在沉管未提离地面前管模内混凝土保持高于地面50cm，且锤头不停止振动。

（13）拔管是影响桩身质量的关键工序，也是造成扩、缩颈甚至断桩的重要因素。软土层中拔管速度应控制在0.6～0.8m/min之间，在土层分界面附近应停顿10s左右。

（14）拔管后移机时应对桩头进行初步处理，多余的混凝土应及时清运，应对桩头进行堆土养护。

（15）为加强对施工质量的控制应做好施工过程的记录工作。

（16）邻近PCC桩施工场地附件有建筑物（构筑物）时，应采取开挖减振沟等适当的隔振减震措施，以减小PCC桩施工对邻近建筑物的影响。

PCC桩施工的具体工序如下：

（1）施工前准备，内容包括：组建项目班组，熟悉施工图纸；进行图纸会审，技术交底；落实材料供应商，组织材料进场；施工组织设计及各种施工记录报监理审批；原材料复试和施工参数的试验，见图 5-4（a）。

（2）场地准备。施工前应事先平整场地，清除桩位处的障碍物，场地低洼时应回填素填土，不应回填杂填土。

（3）测量桩位。配合有关部门做好控制点定位，水准点引测交接工作，在控制点、水准点资料交接手续齐全后，立即落实桩位的测放工作。桩机到达指定桩位后对中，并应使起吊设备保持水平。应保证桩机的平整度和导向架的垂直度，使桩机主腿的垂直度的偏差不超过 1％，桩机就位时，桩管中心与桩中心偏差不大于 200mm。使 PCC 桩模在自由状态下桩尖对准桩位，桩位对好后，桩管和桩机不能再动。

（4）活瓣固定。固定活瓣应在桩机就位后，用铁丝固定。固定活瓣用铁丝为标准 12 号，其松紧程度宜以活瓣不外张为宜，不宜过紧。铁丝应在活瓣桩尖进入土中 10cm 时予以解除，见图 5-4（b）。

（5）沉管至桩底。利用沉管自重或钢丝绳加压将沉管压入土中一定深度，然后开动振动锤起振沉管至设计桩深。

（6）搅拌混凝土。进场的混凝土原材料（水泥、砂、石）必须有质保书、试验报告和具有检测资质的单位出具的混凝土配合比。混凝土的坍落度按规范和试桩结果控制，混凝土按设计要求制作试块，每班组留置一组混凝土试块进行养护。

（7）灌注混凝土至管顶。在灌注桩身混凝土之前，应根据工程施工经验，结合地质报告预估充盈系数，计算投料体积，制定分批投料计划。灌注混凝土至桩顶标高，如桩顶离自然地面较近，需拔管超注时，应注意不宜拔得过高，应以控制在桩需注入的混凝土量为限。详细记录灌注混凝土量，充盈系数严禁小于 1.0，一般为 1.1～1.2，特殊软地层可达 1.3～1.6。

（a）

（b）

图 5-4　PCC 桩现场施工照片

（a）现场施工机械整体图；（b）活瓣桩尖局部图

（8）振动拔管。沉管灌满混凝土之后，先振动再拔管，拔管速度按规范和试桩结果控制；在拔管过程中，应分段添加混凝土，保持管内混凝土面始终不低于地面或高于地下水位 1.0～1.5m 以上。

（9）移机。重复上述步骤，进行下一桩的施工。

2. 施工质量控制措施

为保证 PCC 桩的施工质量，在施工过程中需采用以下施工质量控制措施：

（1）为保证在含地下水地层中应用 PCC 桩的质量，保证在成桩过程中地下水、流沙、淤泥不自桩靴进入管腔，浇筑采用二步法工艺，即在成桩管下到地下水以上即进行第一次浇筑，将桩靴完全封闭，以阻止地下水、淤泥等进入桩管，然后继续下到设计深度后进行第二次浇筑成桩。

（2）当桩距较小时，为减少相邻桩在成桩过程中互相影响，施工顺序可采用隔孔隔排施工工序。

（3）如遇到较硬夹层，可利用专门设计的成模润滑造浆器在成桩过程中注入泥浆。

（4）沉管内外管之间的间距应严格保证，在内外管间距调整适当并锁定后方可起吊装配。

（5）混凝土应以细石料为主，可以适当掺入减水剂，以利于腔体中混凝土流动性较好。

（6）在遇到砂性土层时，应按规范要求和试桩结果调整拔管的速度。

（7）当气温低于 0℃浇筑混凝土时，应采取保温措施。浇筑时，混凝土的入孔温度不得低于 5℃。在桩顶混凝土未达到设计强度 50% 以前不得受冻。当气温高于 30℃时，应根据具体情况对混凝土采取缓凝措施。

（8）浇筑后的桩顶应高出设计标高至少 50cm，并予保护，浮浆层应凿除。

（9）PCC 桩的实际浇筑混凝土量不得小于理论计算体积。

5.5 PCC 桩复合地基检查与验收

PCC 桩作为一种新桩型，桩径较大、桩的间距也较大，单方混凝土提供的承载力较其他桩型有了较大的提高，但由于 PCC 桩的壁厚相对较薄，因此质量要求比较严格。除了要严格执行 PCC 桩施工要求外，成桩以后的质量检测也非常重要。适当的检测方法可及早发现软基处理隐蔽工程的施工质量，以便及早采取补救措施。参照其他类型沉管桩的检测方法并考虑到 PCC 桩的一些特点，其成桩质量检测可采用以下方法进行：

1. 低应变反射波法

低应变反射波法主要是用来检测桩身完整性和成桩混凝土的质量。根据《建筑基桩检测技术规范》（JGJ 106—2003）的规定，对桩身完整性进行检测，检测数量按 10％ 比例控制。由于 PCC 桩桩型不同于实心桩，因此动力检测时在桩顶应均匀对称测试四点，激振点与接收点的夹角为 90°。击发方式可采用尼龙棒、铁锤等方式，选择最佳击发与接收距离，采集测试波曲线。图 5-5 为典型检测曲线，检测结果表明，桩两端间曲线平稳，没有明显的波峰波谷，表示没有裂缝以及断桩现象，因此桩身完整。

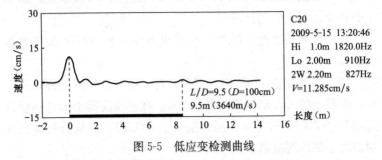

图 5-5　低应变检测曲线

2. 静载荷试验

静载荷试验通常用来确定试验桩单桩极限承载力，单桩复合地基静载现场照片如图 5-6 所示。试验时，在同一条件下的试桩数量不宜小于总桩数的 0.5%，且不应小于 3 根；单个工程桩数在 50 根以内时不应小于 2 根；单个场地静载荷试验数量不超过 10 根。单桩竖向极限承载力试验应在 PCC 桩封顶后进行。试验方法采用慢速维持荷载法，最大荷载采用设计荷载的 2.0 倍。试桩前应进行下列准备工作，凿除桩顶有被损坏或混凝土强度不足处，挖空桩顶 1.5m 以内土，灌以实心混凝土，修补平整桩顶。

图 5-6　复合地基静载试验现场照片

检测桩号为 63-5、桩长 15m 的单桩复合地基静载检测结果如图 5-7 所示。从结果来看，桩长 15m、桩径 1m、壁厚 150mm 的 PCC 桩的单桩复合地基极限承载力在 1440kN 左右。破坏性载荷试验的荷载-沉降曲线呈陡降型，正常工作荷载下桩的沉降很小，表明深厚软土中的 PCC 桩主要为摩擦桩。静载荷试验表明本工段 PCC 桩的施工质量是良好的。

3. 开挖检测

由于 PCC 桩直径较大且内部呈中空状，因此可采用人工将

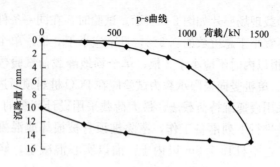

图 5-7　复合地基静载 p-s 曲线图

桩芯土挖除的方法对 PCC 桩的施工质量进行检测。现场开挖是检测 PCC 桩质量最直观、最有效的方法，开挖检测照片如图 5-8 所示。在人工将桩芯土挖除后可自上而下直接观察混凝土的桩身完整性，该项工作应在桩基施工完工 14d 后进行，一般单个工程可开挖 3 根。用于开挖检测的 PCC 桩应随机选取。

图 5-8　桩芯开挖检测

4. 桩身强度试验

为对 PCC 桩的桩身混凝土质量进行评价，可结合开挖检测在桩壁上用小型取芯机钻芯取样进行室内抗压强度试验，要求芯样直径不小于 10cm。每根开挖桩取芯数量可按 1～2 个控制。

5. 工程验收

（1）PCC 桩桩身质量验收应包括如下几个内容

① 桩身成型质量及完整性：PCC 桩成桩后的桩壁应完整无

损，内壁应光滑密实，桩身不得出现裂纹，不得有明显的缩径现象。此项检测内容可根据开挖检测的结果进行评价。

② PCC 桩桩身混凝土整体灌注质量：按现行的低应变测试试验规范执行。

③ 对 PCC 桩承载力评定时，可参照其他类型单桩静载试验规范进行，试验前需对桩头进行处理。

（2）PCC 桩封顶质量要求：桩体达到一定强度时应将上部浮浆凿除，并将桩顶 50cm 范围内的桩芯土体掏挖去除，再用桩体相同标号的混凝土回填密实。回填的混凝土方量不得小于理论计算量。处理后的桩头应平整密实并大致处于同一标高。

（3）PCC 桩桩基工程验收程序应符合下列规定：

① 当桩顶设计标高与施工现场标高基本一致时，可待全部桩基施打完毕后一次性验收。

② 当桩顶设计标高低于施工现场标高时，待全部桩基施打完毕并开挖到设计标高后，再进行竣工验收，并绘制打桩工程竣工图。

（4）桩基工程竣工验收时，应提交下列资料：

① 岩土工程勘察报告、桩基施工图、图纸会审及设计交底纪要、设计变更等；

② 原材料的质量合格证和复验报告；

③ 桩位测量放线图，包括工程桩位线复核签证单；

④ 混凝土质量检验报告；

⑤ 施工记录及检验记录；

⑥ 桩体质量检测报告；

⑦ 复合地基或单桩承载力检测报告；

⑧ 基础开挖至设计标高的桩壁厚和成型情况检查记录、基桩竣工平面图；

⑨ 工程质量事故及事故调查处理资料。

参 考 文 献

[1] 刘汉龙，费康，马晓辉，等. 振动沉模大直径现浇薄壁管桩技术及其应用（Ⅰ）：开发研制与设计理论 [J]. 岩土力学，2003，24（2）：164-168.

[2] 刘汉龙，郝小员，费康，等. 振动沉模大直径现浇薄壁管桩技术及其应用（Ⅱ）：工程应用与现场试验 [J]. 岩土力学，2003，24（3）：372-375.

[3] 刘汉龙，马晓辉，宫能和，等. 软基处治大直径现浇管桩复合地基施工方法 [P]. 专利号：ZL02112538.4，授权公告日：2004 年 7 月 21 日.

[4] 刘汉龙，马晓辉，储海岩，等. 用于软基处治的套管成模大直径现浇管桩机 [P]. 专利号：ZL01273182.X，授权公告日：2002 年 10 月 9 日.

[5] 刘汉龙，马晓辉，宫能和，等. 现浇混凝土薄壁管桩机 [P]. 专利号：ZL02263293.X；授权公告日：2003 年 7 月 16 日.

[6] 刘汉龙，费康，马晓辉. 提高现浇混凝土薄壁管桩承载力的灌浆装置 [P]. 专利号：ZL200420078136.6，授权公告日：2005 年 8 月 3 日.

[7] 刘汉龙，马晓辉，高玉峰，等. 地基加固现浇桩、墙施工多功能一体机 [P]. 专利号：ZL02219218.2；授权公告日：2003 年 1 月 22 日.

[8] 刘汉龙，高玉峰. 一种螺旋成孔大直径现浇混凝土薄壁管桩机 [P]. 专利号：ZL200520054396.1，授权公告日：2007 年 2 月 14 日.

[9] 刘汉龙，高玉峰，马晓辉. 一种现浇大直径管桩混凝土快速浇注装置及施工方法 [P]. 专利号：ZL200810019690.X，授权公告日：2009 年 12 月 2 日.

[10] 刘汉龙，王智强，丁选明，等. 一种现浇大直径管桩活瓣桩靴及使

用方法 [P]. 专利号：ZL200810019689.7，授权公告日：2010 年 6 月 9 日.

[11] 刘汉龙，丁选明，周密. 一种 PCC 桩桩芯土上升的处置方法 [P]. 专利号：ZL200910183523.3，授权公告日：2011 年 4 月 20 日.

[12] 刘汉龙，丁选明，陈育民，等. 一种 PCC 桩桩模及超长 PCC 桩的施工方法 [P]. 专利号：ZL200910183526.7，授权公告日：2011 年 1 月 19 日.

[13] 费康. 现浇混凝土薄壁管桩的理论与实践 [D]. 南京：河海大学，2004.

[14] 费康，刘汉龙，高玉峰等. 现浇混凝土薄壁管桩的荷载传递机理 [J]. 岩土力学，2004，25（5）：764-768.

[15] 刘汉龙，费康，周云东等. 现浇混凝土薄壁管桩内摩阻力的数值分析 [J]. 岩土力学，2004，25（s）：211-216.

[16] 谭慧明. PCC 桩复合地基褥垫层特性足尺模型试验研究与分析 [D]. 南京：河海大学，2008.

[17] 杨寿松. 现浇混凝土薄壁管桩复合地基现场试验研究 [D]. 南京：河海大学，2005.

[18] 费康，刘汉龙，高玉峰. 路基荷载下 PCC 刚性桩复合地基沉降简化计算 [J]. 岩土力学，2004，25（8）：1244-1248.

[19] 温世清. 现浇混凝土薄壁管桩加固软基机理和沉降计算方法研究 [D]. 南京：河海大学，2004.

[20] 张晓健. 现浇混凝土薄壁管桩负摩阻力特性试验研究与分析 [D]. 南京：河海大学，2006.

[21] 马志涛. 现浇混凝土薄壁管桩水平受力特性试验研究与分析 [D]. 南京：河海大学，2007.

[22] MA Zhitao, LIU Hanlong, ZHANG Ting, Behaviors of PCC Single Pile under Lateral Load [C]. 10th International conference on piling and foundations, Netherland, 2006.

[23] 何筱进. 现浇混凝土薄壁管桩水平承载性状试验研究 [D]. 南京：河海大学，2004.

[24] LIU Han-long, FEI Kang, DENG An, ZHANG Ting. Erective Sea Embankment with PCC Piles [J]. China Ocean Engineering, 2005,

19（2）：339-348.

[25] 陆海源. 新型 PCC 桩结构直立式海堤技术开发及其抗弯性能研究 [D]. 南京：河海大学，2005.

[26] 张建伟. PCC 桩水平承载特性足尺模型试验及计算方法研究 [D]. 南京：河海大学，2009.

[27] 朱小春. 现浇薄壁管桩复合地基动力反应分析 [D]. 南京：河海大学，2006.

[28] Ding Xuan-ming, LIU Han-long, Analysis on dynamic response of cast-in-PLACE concrete thin-wall pipe pile composite foundation under lateral seismic excitation [C]. The 2nd International Conference On Geotechnical Engineering for Disaster Mitigation and Rehabilitation (GEDMAR08), 2008, 321-326.

[29] Tan Hui-ming, LIU Han-long, Shock absorption effect analysis on cast-in-situ concrete thin-wall pipe pile composite foundation cushion under lateral seismic excitation [C]. The 2nd International Conference On Geotechnical Engineering for Disaster Mitigation and Rehabilitation (GEDMAR08), 2008, 439-445.

[30] 费康，刘汉龙，张霆. PCC 桩低应变检测中的三维效应 [J]. 岩土力学，2007，28（6）：1095-1102.

[31] 丁选明. PCC 桩纵向振动响应试验与解析方法研究 [D]. 南京：河海大学，2008.

[32] AHMAD S. , AL-HUSSAINI T. M. , FISHMAN K. L. Investigation on active isolation of machine foundations by open trenches [J]. J. Geotech. Engng. , 1996，122：454-461.

[33] 徐平，夏唐代，周新民. 单排空心管桩屏障对平面 SV 波的隔离效果研究 [J]. 岩土工程学报，2007，29（1）：131-136.

[34] 魏良甲. 现浇混凝土大直径管桩非连续屏障近场隔振性能的研究 [D]. 南京：河海大学，2008.

[35] 戴民. 桩间距对 PCC 桩复合地基软基加固性状的影响分析，河海大学硕士学位论文，2006.

[36] 刘庆. PCC 桩复合地基路堤中竖向土拱效应研究及设计参数的优化，河海大学硕士学位论文，2008.

［37］ Zhuang Y. Numerical modeling of arching in piled embankments including the effects of reinforcement and subsoil. Thesis submitted to the University of Nottingham for the degree of Doctor of Philosophy，2009. 9.

［38］ 中华人民共和国国家标准，建筑地基基础设计规范 GB50007-2002，中华人民共和国建设部，2002.

［39］ 现浇混凝土薄壁管桩技术在沿海高速公路深层软土地基处理中的应用研究 ［R］. 南京：河海大学岩土工程研究所，2004.

［40］ 龚晓南. 复合地基理论及工程应用 ［M］. 北京：中国建筑工业出版社，2003.

［41］ 靖江科研报告靖江新港园区下青龙港港池工程岸坡稳定分析研究报告 ［R］. 南京：河海大学岩土工程研究所，2010.

［42］ Xuanming Ding，Hanlong Liu，Jinyuan Liu，Yumin Chen. Wave Propagation in a Pipe Pile for Low Strain Integrity Testing. Journal of Engineering Mechanics，ASCE，2011，137（9）：598-609.

［43］ Xuanming Ding，Hanlong Liu，Bo Zhang. High-frequency Interference in Low Strain Integrity Testing of Large-diameter Pipe Piles. SCIENCECHINA Technological Sciences，2011，54（2）：420-430.

［44］ 刘汉龙，吕亚茹，丁选明，等. 一种超长 PCC 桩桩模双层套管连接段及沉模连接方法 ［P］. 专利号：ZL201110152070.5，授权公告日：2013 年 6 月 5 日.

［45］ 刘汉龙，丁选明，陈育民，等. 现浇钢筋混凝土大直径管桩施工方法 ［P］. 专利号：ZL201110165215.5，授权公告日：2013 年 5 月 15 日.